高等职业院校信息技术应用"十三五"规划教材

高等职业教育计算机类课程新形态一体化规划教材

工业和信息化部实践教学创新系列

计算机应用基础任务化教程

（Windows 7+Office 2010）

Jisuanji Yingyong Jichu Renwuhua Jiaocheng

薛志红 蒋道霞 主编

人民邮电出版社

北京

图书在版编目（CIP）数据

计算机应用基础任务化教程：Windows 7 + Office
2010 / 薛志红，蒋道霞主编. -- 北京：人民邮电出版
社，2017.1（2018.1重印）
高等职业院校信息技术应用"十三五"规划教材
ISBN 978-7-115-44185-0

Ⅰ. ①计… Ⅱ. ①薛… ②蒋… Ⅲ. ①Windows操作系
统—高等职业教育—教材②办公自动化—应用软件—高等
职业教育—教材 Ⅳ. ①TP31

中国版本图书馆CIP数据核字（2016）第284341号

内 容 提 要

  本书以着力培养高职高专学生的信息素养为突破口，依据教育部高职高专计算机应用基础教学大纲、全国计算机等级考试一级计算机基础及 MS Office 应用考试大纲、全国计算机等级考试二级MS Office 高级应用考试大纲编写而成，以学生能力提升为本位，以"理论够用为度、技能实用为本"作为指导思想，精心设置教学内容，重构知识与技能形式，体现案例教学、任务驱动等教学改革。本书涵盖了计算机基础知识、计算机网络技术与 Internet、Windows 7 操作系统、Word 2010 文字处理、Excel 2010 电子表格、PowerPoint 2010 演示文稿等内容。

  本书紧跟计算机应用技术动态，内容翔实、结构清晰、语言简练，具有很强的操作性和实用性，既可作为高职高专及中等职业院校计算机公共基础课程的教材，也可作为全国计算机等级考试相关科目的参考用书及社会各行各业人员学习计算机职业技能的用书。

◆ 主　　编　薛志红　蒋道霞
　　责任编辑　李育民
　　责任印制　焦志炜

◆ 人民邮电出版社出版发行　　北京市丰台区成寿寺路 11 号
　　邮编　100164　电子邮件　315@ptpress.com.cn
　　网址　http://www.ptpress.com.cn
　　北京九州迅驰传媒文化有限公司印刷

◆ 开本：787×1092　1/16
　　印张：15.75　　　　　　2017 年 1 月第 1 版
　　字数：398 千字　　　　 2018 年 1 月北京第 3 次印刷

定价：38.00 元

读者服务热线：（010）81055256　印装质量热线：（010）81055316
反盗版热线：（010）81055315

前 言

计算机技术日新月异，计算机已经成为人们工作、学习和生活的基本工具。教育部《全国高等职业教育计算机应用基础课程基本要求》的核心是培养高职高专学生的信息素养，提高学生获得、分析、处理、应用信息的能力，增强学生利用网络资源优化自身知识结构与技能水平的自觉性。为了适应当前高职高专教育教学改革与人才培养的新形势和新要求，并着眼于高素质技术技能型人才对计算机应用基础课程学习的要求，本书编写组组织教师对编写思路和大纲进行了深入细致的研讨。全体编者一致认为，只有通过课程、教材、教学模式和评价体系的创新，才能实现人才培养模式的转变，促进课程教学质量和效率的提升，进而提高学生的职业道德、专业能力与职业能力。遵循这一指导思想，编者将计算机应用技术发展的最新动态与长期积累的教学经验深度融合，精心设计和组织本书内容。

本书内容紧跟主流技术，介绍了目前流行的 Windows 7 操作系统和 Office 2010 办公软件的操作方法和操作技巧，采用任务方式开展教学，知行合一，尤其注重提升学生的实践能力和创新意识。本书力求取材合理、深度适当、内容实用、操作步骤通俗易懂。全书主要内容包括计算机基础知识、计算机网络技术与 Internet、Windows 7 操作系统、Word 2010 文字处理、Excel 2010 电子表格、PowerPoint 2010 演示文稿 6 个单元。书中各个任务都是经过精心挑选和有效组织的，具有很强的针对性、实用性和可操作性。

本书内容丰富，格调清新，文字叙述通俗易懂，注重互动性，富有逻辑性和启发性，对提高学生的信息素养和人文素养具有一定的作用，注重实用性和可操作性。为了使读者更好地巩固所学知识，重要单元后设置了"综合实训"板块，后面还配有精心设置的创新作业。

本书由薛志红、蒋道霞主编，其中单元一和单元四由王亚老师编写，单元二由傅伟玉老师编写，单元三由秦媛媛老师编写，单元五由薛志红老师编写，单元六由笪林梅老师编写。

编 者

2016 年 12 月

目　录

3

UNIT 1 单元一 计算机基础知识

任务一 掌握计算机基础知识

计算机（Computer）又称电脑，是 20 世纪最伟大的科学技术发明之一。

计算机是一种能够按照程序运行，自动、高速处理海量数据的现代化智能电子设备。它是由硬件系统和软件系统所组成的。没有安装任何软件的计算机称为裸机。计算机的种类较多，可分为超级计算机、工业控制计算机、网络计算机、个人计算机和嵌入式计算机 5 类，较先进的计算机有生物计算机、光子计算机、量子计算机等。

当今信息社会里，计算机作为不可或缺的工具，已经在人们的生产、生活等各方面占据着举足轻重的位置。

一、计算机的发展简史

世界上第一台电子数字式计算机于 1946 年 2 月 14 日在美国宾夕法尼亚大学正式投入运行，它的全称为电子数值积分计算机（The Electronic NuMbit/serical Intergrator and Computer，ENIAC），译为埃尼阿克，如图 1-1-1 所示。它是美国奥伯丁武器试验场为了满足计算弹道而研制成的电子计算机。它使用了 17 468 个真空电子管，耗电 174 千瓦，占地 170 平方米，重达 30 吨，每秒可进行 5 000 次加法运算。虽然其功能还比不上今天最普通的一台微型计算机，但在当时它的运算速度绝对是冠军，并且其运算的精确度和准确度也是史无前例的。以圆周率（π）的计算为例，中国古代科学家祖冲之利用算筹，耗费 15 年心血，才把圆周率计算到小数点后 7 位数。一千多年后，英国人香克斯以毕生精力将圆周率计算到小数点后 707 位。而使用 ENIAC 进行计算，仅用了 40 秒就达到了这个记录，还发现在香克斯的计算中，第 528 位是错误的。

ENIAC 奠定了电子计算机的发展基础，开辟了一个计算机科学技术的新纪元，使人们从繁杂的脑力劳动中解脱出来，有人将其称为人类第三次产业革命开始的标志。

1946 年 6 月，美籍数学家冯·诺依曼（Von Neumann）提出了一个利用二进制数进行"存储程序"的计算机设计方案。这个方案确定了以下内容。

① 以二进制形式表示数据和指令。

② 指令和数据同时存放在存储器中，并让计算机自动执行。

③ 计算机由运算器、控制器、存储器、输入设备和输出设备 5 大部分组成，从而奠定了计算机的结构理论体系。图 1-1-2 所示为冯·诺依曼的照片。

冯·诺依曼的这些理论的提出，解决了计算机运算自动化的问题和速度配合问题，对后来计算机的发展起到了决定性的作用。直至今天，绝大部分计算机还是采用冯·诺依曼的方式工作。

ENIAC 诞生后短短的几十年间，计算机的发展突飞猛进。计算机的主要电子器件相继使用了晶体管，中、小规模集成电路和大规模、超大规模集成电路，引起计算机的几次更新换代。每一次更新换代都使计算机的体积和耗电量大大减小、功能大大增强、应用领域进一步拓宽。特别是体积小、价格低、功能强的微型计算机的出现，使得计算机迅速普及，计算机进入了办公室和家庭，在办公室自动化和多媒体应用方面发挥了很大的作用。目前，计算机的应用已扩展到社会的各个领域。

图 1-1-1　世界上第一台计算机　　　　　　　　图 1-1-2　冯·诺依曼

根据构成计算机主要元器件的不同，计算机的发展大致经历了 4 个阶段：

1．第 1 阶段：电子管数字计算机（1946～1958 年）

硬件方面，逻辑元件采用真空电子管，主存储器采用汞延迟线、阴极射线示波管静电存储器、磁鼓、磁芯；外存储器采用磁带。软件方面，采用机器语言、汇编语言。应用领域以军事和科学计算为主。特点是体积大、功耗高、可靠性差、速度慢（一般为每秒数千次至数万次）、价格昂贵，但为以后计算机的发展奠定了基础。

2．第 2 阶段：晶体管数字计算机（1958～1964 年）

硬件方面，逻辑元件采用晶体管，主存储器采用磁芯，外存储器采用磁盘。软件方面，出现了以批处理为主的操作系统、高级语言及其编译程序。应用领域以科学计算和事务处理为主，并开始进入工业控制领域。特点是体积缩小、能耗降低、可靠性提高、运算速度提高（一般为每秒数 10 万次，可高达 300 万次）、性能比第 1 代计算机有很大的提高。

3．第 3 阶段：集成电路数字计算机（1964～1970 年）

硬件方面，逻辑元件采用中、小规模集成电路（MSI、SSI），主存储器仍采用磁芯。软件方面，出现了分时操作系统以及结构化、规模化程序设计方法。特点是速度更快（一般为每秒数百万次至数千万次），而且可靠性有了显著提高，价格进一步下降，产品走向了通用化、系列化和标准化。应用领域开始进入文字处理和图形图像处理领域。

4．第 4 阶段：大规模集成电路计算机（1970 年至今）

硬件方面，逻辑元件采用大规模和超大规模集成电路（LSI 和 VLSI）。软件方面，出现了数据库管理系统、网络管理系统和面向对象程序设计语言等。特点是 1971 年世界上第一台微处理器在美国硅谷诞生，开创了微型计算机的新时代，应用领域从科学计算、事务管理、过程控制逐步走向家庭。

我国随着微型处理器结构的微型化，计算机从之前应用于国防军事领域开始向社会各个行业发展，如教育系统、商业领域、家庭生活等，计算机的应用在我国越来越普遍。改革开放以后，我国计算机用户的数量不断攀升，应用水平不断提高，特别是互联网、通信、多媒体和嵌入式技术等领域都取得了不错的成绩。

计算机的诞生
及发展过程

二、计算机的发展趋势

计算机从出现至今，程序设计经历了机器语言、汇编语言到高级程序语言，操作系统从简单操作系统和 Linux、Mac OS、BSD 到 Windows 等现代操作系统，运行速度也得到了极大的提升，第 4 代计算机的运算速度已经达到几十亿次/秒。计算机也由原来的仅供军事科研使用发展到人人拥有。计算机强大的应用功能，产生了巨大的市场需要。未来计算机的性能应向着微型化、网络化、智能化和巨型化的方向发展。

1. 巨型化

为了适应尖端科学技术的需要，巨型化计算机应运而生。巨型化计算机是指高运算速度、大存储容量和功能强大的超级计算机。人们对计算机的依赖性越来越强，特别是在军事和科研教育方面对计算机的存储空间和运行速度等方面的要求，将会越来越高。此外，计算机的功能更加多元化。

2. 微型化

随着微型处理器（Central Processing Unit，CPU）的产生，计算机中开始使用微型处理器，使计算机的体积缩小、成本降低。同时，软件行业的飞速发展提高了计算机内部操作系统的便捷度，计算机外部设备也趋于完善。计算机理论和技术上的不断完善促使微型计算机很快渗透到全社会的各个行业和部门中，并成为人们生活和学习的必需品。40 年来，计算机的体积不断缩小，台式计算机、笔记本电脑、掌上电脑、平板电脑逐步微型化，为人们提供了便捷的服务。因此，未来计算机仍会不断趋于微型化，体积将越来越小。

3. 网络化

互联网将世界各地的计算机连接在一起，从此进入了互联网时代。计算机网络化彻底改变了人类世界，人们通过互联网进行沟通、交流（OICQ、微博等）、教育资源共享（文献查阅、远程教育等）、信息查阅共享（百度、谷歌）等，特别是无线网络的出现，极大地提高了人们使用网络的便捷性，未来计算机将会进一步向网络化方面发展。

4. 智能化

计算机人工智能化是未来发展的必然趋势。现代计算机具有强大的功能和运行速度，但与人脑相比，其智能化和逻辑能力仍有待提高。人类在不断探索如何让计算机能够更好地模仿人类思维，使计算机能够具有人类的逻辑思维判断能力，可以通过思考与人类进行沟通交流，抛弃以往的依靠编码程序来运行计算机的方法，直接对计算机发出指令。

5. 多媒体化

传统的计算机处理的信息主要是字符和数字。事实上，人们更习惯的是图片、文字、声音、图像等多种形式的多媒体信息。多媒体技术可以集图形、图像、音频、视频、文字为一体，使信息处理的对象和内容更加接近真实世界。

三、计算机的特点与性能指标

1. 计算机的特点

（1）运算速度快、计算能力强。运算速度是指计算机每秒执行指令的条数，一般用 MIPS

（百万条指令/秒）来描述。现代计算机每秒可运行万亿条指令，微机每秒也可达亿次以上，过去采用人工计算需要几年、几十年才能解决的问题，现在使用计算机仅需几天甚至更短的时间即可完成，其数据处理的速度相当快，是其他任何工具无法比拟的。

（2）计算精度高、数据准确度高。计算机的计算精度与计算机的字长有关，字长越长，能处理的有效数字越多，计算的精度越高。加上有效的数值计算方法，计算机能把圆周率计算到小数点后 2 亿位。

（3）具有记忆和逻辑判断功能。计算机具有强大的存储器，不但能存储大量的数据，还能存储指挥计算机运行的程序，使计算机能判断何时该做什么和不该做什么。具有可靠的逻辑判断能力是计算机能实现信息处理自动化的重要原因。能进行逻辑判断，使计算机不仅能对数值数据进行计算，也能对非数值数据进行处理，使计算机能广泛应用于非数值数据处理领域，如信息检索、图形识别以及各种多媒体应用等。

（4）自动化程度高。利用计算机解决问题时，人们启动计算机输入编制好的程序以后，计算机可以自动执行，一般不需要人直接干预运算、处理和控制过程。

（5）具有数据传输和通信能力。计算机和通信技术的结合，使现代计算机具有数据传输和通信的能力；特别是计算机网络的出现，使地理上分散的计算机相互之间可以共享硬件资源、软件资源和信息资源。

总之，随着计算机技术的发展，计算机的体积越来越小、运算速度越来越快、价格越来越低、功能越来越强、应用范围越来越广泛。

2．计算机的性能指标

计算机功能的强弱或性能的好坏，不是由某项指标决定的，而是由它的系统结构、指令系统、硬件组成、软件配置等多方面的因素综合决定的。对于大多数普通用户来说，计算机的性能可以从以下几个指标来大体评价。

（1）运算速度。运算速度是衡量计算机性能的一项重要指标。通常所说的计算机运算速度（平均运算速度），是指每秒所能执行的指令条数，一般用"百万条指令／秒"（Million Instruction Per Second，MIPS）来描述。同一台计算机，执行不同的运算所需时间可能不同，因而对运算速度的描述常采用不同的方法。常用的描述方法有 CPU 时钟频率（主频）、每秒平均执行指令数（IPS）等。微型计算机一般采用主频来描述运算速度。例如，Pentium/133 的主频为 133 MHz，PentiumⅢ/800 的主频为 800 MHz，Pentium 4 1.5G 的主频为 1.5 GHz。一般说来，主频越高，运算速度就越快。

（2）字长。计算机在同一时间内处理的一组二进制数称为一个计算机的"字"，而这组二进制数的位数就是"字长"。在其他指标相同时，字长越长计算机处理数据的速度就越快。早期的微型计算机的字长一般是 8 位和 16 位。目前，586（Pentium，Pentium Pro，PentiumⅡ，PentiumⅢ，Pentium 4）大多是 32 位，现在的大多数计算机字长都是 64 位。

（3）内存储器的容量。内存储器，也简称主存，是 CPU 可以直接访问的存储器，需要执行的程序与需要处理的数据就存放在主存中。内存储器容量的大小反映了计算机即时存储信息的能力。随着操作系统的升级、应用软件的不断丰富及其功能的不断扩展，人们对计算机内存容量的需求也不断提高。目前，运行 Windows XP 需要 128 MB 以上的内存容量；运行 Windows 7 需要 512 MB 以上的内存容量。内存容量越大，系统功能就越强大，能处理的数据量就越庞大。

（4）外存储器的容量。外存储器的容量通常是指硬盘容量（包括内置硬盘和移动硬盘）。外存储器的容量越大，可存储的信息就越多，可安装的应用软件就越丰富。目前，硬盘容量一般为 50~500 GB，有的甚至已达到 1TB。

除了上述这些主要性能指标外，微型计算机还有其他一些指标，如所配置外围设备的性能指标以及所配置系统软件的情况等。另外，各项指标之间也不是彼此孤立的，在实际应用时，应该把它们综合起来考虑。

四、计算机的用途与应用领域

1. 计算机的用途

在现代社会，计算机已广泛应用于军事、科研、经济、文化等各个领域，成为人们不可缺少的好帮手。

在科研领域，人们使用计算机进行各种复杂的运算及大量数据的处理，如卫星飞行的轨迹、天气预报中的数据处理等。在学校和政府机关，每天都涉及大量数据的统计与分析，有了计算机，工作效率就大大提高了。

在工厂，计算机为工程师设计产品提供了有效的辅助手段。现在人们在进行建筑设计时，只要输入有关的原始数据，计算机就能自动处理并绘出各种设计图纸。

在生产中，人们用计算机控制生产过程的自动化操作，如温度控制、电压电流控制等，从而实现自动进料、自动加工产品以及自动包装产品等。

2. 计算机的应用领域

计算机技术已渗透到各个领域，正在改变着人们的学习、工作和生活方式，有力地推动着社会向前发展。归纳起来，计算机的应用领域主要有如下几个方面。

（1）科学计算。科学计算也称数值计算，是指利用计算机处理科学研究和工程技术中提出的数学问题的过程，是计算机最早的应用领域，用于科学研究、工程设计、地质勘探、气象预报、弹道计算等领域。其具有计算速度高、存储容量大和连续运算能力，能够解决人工难以完成的各种繁杂的数学问题等大型数值运算和数据分析。

（2）信息处理。信息处理又称数据处理，是对数据进行收集、存储、整理、分类、加工、利用和传播等活动的总称。据统计，80%以上的计算机主要用于数据处理，这类处理也许并不复杂，但需要处理的数据量大、面广。例如，办公自动化、情报检索、图书管理、人口统计、银行业务、机票预订都属于该范畴。

（3）过程控制。过程控制又称实时控制，是指利用计算机及时采集检测数据，按最优值迅速地对受控对象进行自动调节或控制。该领域涉及的范围很广，如工业、交通运输的自动控制，对导弹、人造卫星的跟踪与控制等。

（4）计算机辅助系统。计算机辅助系统是指利用计算机自动或半自动地完成一些相关的工作，包括计算机辅助设计（Computer Aided Design，CAD）、计算机辅助制造（Computer Aided Manufacturing，CAM）、计算机辅助教学（Computer Aided Instruction，CAI）和计算机辅助测试（Computer Aided Test，CAT）等。例如，CAD 在航空、机械、建筑、服装等领域的广泛应用明显提高了设计速度与质量。

（5）人工智能。人工智能（Artificial Intelligence，AI）由英国著名科学家图灵提出，是一门研究和开发用于模拟、延伸和扩展人类智能的理论、方法、技术及应用系统的新兴学科，被认为是 21 世纪的 3 大尖端技术（基因工程、纳米科学、人工智能）之一。人们为了纪念图灵在计算机领域的卓越贡献，专门设立了"图灵奖"。经过最近 30 年的迅速发展，人工智能在机器视觉、专家系统、智能搜索等领域取得了丰硕的成果。我国已成功开发了一些中医专家诊断系统，可以模拟名医为患者诊病开方。

（6）网络应用。计算机技术与现代通信技术结合造就了计算机网络，它使人际交流跨越了时间和空间的障碍，已成为建立信息社会的基础。现在，人们可以在 Internet 上浏览新闻、检索信息、收发电子邮件、选购商品、参与问题的讨论、接受远程医疗与网上银行等服务。

（7）多媒体技术。多媒体技术（Multimedia Technology）是利用计算机对文本、图形、图像、声音、动画、视频等多种信息进行综合处理、建立逻辑关系，并实现人机交互的技术。目前，多媒体技术在知识学习、电子图书、视频会议中都得到了极大的推广。

五、计算机的分类

通常，人们用"分代"来表示计算机在纵向历史中的发展情况，而用"分类"来表示计算机在横向地域上的发展、分布和使用情况。以前，我国计算机界常把计算机分成巨、大、中、小、微 5 个类别。目前，国内、外多数书刊也采用国际上通用的分类方法，它是根据美国电气和电子工程师协会（Institute of Electrical and Electronics Engineers，IEEE）1989 年提出的标准来划分的，即把计算机分成巨型机、小巨型机、大型主机、小型主机、工作站和个人计算机 6 类。

1．巨型机

巨型机（Super computer）也称为超级计算机，如图 1-1-3 所示，在所有计算机类型中其占地最大、价格最贵、功能最强、浮点运算速度最快（1998 年达到 3.9TELOPS，即每秒 3.9 万亿次），只有少数国家的几家公司能够生产。目前，巨型机多用于战略武器（如核武器和反导武器）的设计，空间技术，石油勘探，中、长期天气预报以及社会模拟等领域。巨型机的研制水平、生产能力及其应用程度，已成为衡量一个国家经济实力和科技水平的重要标志。

图 1-1-3　超级计算机

2．小巨型机

小巨型机（Mini Super Computer）是小型超级电脑或称桌上型超级计算机，出现于 20 世纪 80 年代中期。其功能低于巨型机，运算速度能达到 1TELOPS，即每秒 1 万亿次，价格也只有巨型机的十分之一。

3．大型主机

大型机（Mainframe）或称大型电脑，覆盖国内通常说的大、中型机。其特点是大型、通用，内存可达 1KM 以上，整机处理速度高达 300～750Mi/s，具有很强的处理和管理能力，主要用于大银行、大公司、规模较大的高校和科研院所。在计算机向网络化发展的当前，大型主机仍有其生存空间。

4．小型机

小型机（Minicomputer/Minis）结构简单、可靠性高、成本较低，不需要经过长期培训即可维护和使用，对于广大中、小用户较为适用。

5．工作站

工作站（Workstation）是介于 PC 和小型机之间的一种高档微机，运算速度快，具有较强的联网功能，用于特殊领域，如图像处理、计算机辅助设计等。它与网络系统中的"工作站"在用词上相同，但含义不同。网络上的"工作站"泛指联网用户的结点，以区别于网络服务器，常常由一般的 PC 机充当。

6．个人计算机

我们通常说的电脑、微机或计算机，一般指的就是个人计算机（Personal Computer，PC）。它出现于 20 世纪 70 年代，以其设计先进（总是率先采用高性能的微处理器 MPU）、软件丰富、功能齐全、价格便宜等优势而拥有广大的用户，因而大大推动了计算机的普及应用。PC 的主流是 IBM 公司在 1981 年推出的 PC 系列及其众多的兼容机。可以这么说，PC 无所不在，无所不用，除了台式的，还有膝上型、笔记本、掌上型、手表型等。

计算机的分类

六、计算机与信息化技术

随着电子技术特别是通信和计算机技术的发展，人们已经有能力把文本、音频、视频、动画、图形和图像等各种媒体综合起来，构成一种全新的概念——"多媒体"（Multimedia）。在医疗、教育、商业、银行、保险、行政管理、军事、工业、广播、交流和出版等领域中，多媒体的应用发展很快。

七、计算机中常见的词

1．数据单位

（1）位（bit）。位音译为"比特"，是计算机内信息的最小容量单位。计算机中最直接、最基本的操作就是对二进制位的操作。一个二进制位可表示 2 种状态（0 或 1）。两个二进制位可表示 4 种状态（00，01，10，11）。位数越多，所表示的状态就越多。

（2）字节（Byte）。为了表示人读数据中的所有字符（字母、数字以及各种专用符号，大约有 256 个），需要用 7 位或 8 位二进制数。因此，人们选定 8 位为一个字节（Byte），通常用 B表示。1 个字节由 8 个二进制数位组成，即 1B=8bit。

字节是计算机中用来表示存储空间大小的最基本的容量单位。例如，计算机内存的存储容量、磁盘的存储容量等都是以字节为单位表示的。一个字节可以存储一个字符，两个字节可以存储一个汉字。

除用字节为单位表示存储容量外，还可以用千字节（KB）、兆字节（MB）以及千兆字节（GB）等来表示存储容量。它们之间存在下列换算关系。

千字节　$1\text{KB}=2^{10}\text{B}=1\,024\text{B}$

兆字节　$1\text{MB}=2^{20}\text{B}=1\,024\text{KB}$

吉字节　$1\text{GB}=2^{30}\text{B}=1\,024\text{MB}$

太字节　$1\text{TB}=2^{40}\text{B}=1\,024\text{GB}$

例如，一台 Pentium Ⅳ 微机，内存容量为 512MBIT/S，外存储器软盘为 1.44MB，硬盘为200GB。

内存容量=512×1 024×1 024B

软盘容量=1.44×1 024×1 024B

硬盘容量=200×1 024×1 024×1 024B

（3）字和字长。计算机处理数据时，一次存取、加工和传送的数据称为字。一个字通常由一个或若干个字节组成（通常取字节的整数倍）。字是计算机进行数据存储和数据处理的基本运算单位。

字长是计算机性能的重要标志，它是一个计算机字所包含的二进制位的个数。字长越长，计算机的数据处理速度越快。目前微型计算机的字长有 8 位、16 位、32 位和 64 位几种。例如，IBMPC/XT 字长 16 位，称为 16 位机。486、Pentium 微型机字长 32 位，称为 32 位机。目前，高档微型计算机的字长已达到 64 位。

2．运算速度

（1）CPU 时钟频率。计算机的操作在时钟信号的控制下分步执行，每个时钟信号周期完成一步操作，时钟频率的高低在很大程度上反映了 CPU 速度的快慢。以目前 Pentium CPU 的微型计算机为例，其主频一般有 1.7GHz、2GHz、2.4GHz、3GHz 等挡次。

（2）每秒平均执行指令数（I/S）。通常用 1 秒内能执行的定点加减运算指令的条数作为 I/S 的值。目前，高档微机每秒平均执行指令数可达数亿条，而大规模并行处理系统 MPP 的 I/S 的值已能达到几十亿。

由于 I/S 单位太小，使用不便，实际中常用 MIPS（Million Instruction Per Second），即每秒执行百万条指令来作为 CPU 的速度指标。

八、课后总结和练习

1．重点分析

掌握计算机的特点与性能指标、计算机的类型，了解计算机的发展阶段、计算机在现代社会中的用途。

2．练习

（1）计算机的发展经历了哪几个阶段？
（2）未来计算机的发展方向是什么？
（3）计算机有哪些特点？
（4）计算机的主要类型有哪些？
（5）计算机主要应用在哪些领域？
（6）第一台计算机诞生于哪一年？
（7）未来计算机性能的方向是什么？
（8）微型计算机的字长有哪几种？

任务二　数制与编码

一、数制与编码分别代表什么

虽然计算机能极快地进行运算，但其内部并不像人类在实际生活中使用的十进制，而是使用只包含 0 和 1 两个数值的二进制。当然，人们输入计算机的十进制数被转换成二进制数进行计算，计算后的结果又由二进制数转换成十进制数，这都由操作系统自动完成，并不需要人们手工去做。学习汇编语言，就必须了解二进制（还有八进制/十六进制）。

数制也称计数制，是用一组固定的符号和统一的规则来表示数值的方法。人们通常采用的数制有十进制、二进制、八进制和十六进制。

编码是用预先规定的方法将文字、数字或其他对象编成数码，或将信息、数据转换成规定的电脉冲信号。编码在电子计算机、电视、遥控和通信等方面广泛使用。编码是信息从一种形式或格式转换为另一种形式的过程。解码是编码的逆过程。

二、理解二进制、八进制、十进制和十六进制

在人们使用的各种进位计数制中，表示数的符号在不同的位置上时所代表的数的值是不同的，这就引出了"位权"的概念。我们把每位数上的数字 1 所表示的十进制数的值称为该位的权。

1．二进制

二进制（Binary，B）是计算技术中广泛采用的一种数制。二进制数据是用 0 和 1 两个数码来表示的数。它的基数为 2，进位规则是"逢二进一"，借位规则是"借一当二"，由 18 世纪德国数理哲学大师莱布尼兹发现。当前的计算机系统使用的基本上是二进制系统。

2．八进制

八进制（Octal，O）在早期的计算机系统中很常见。八进制数字用 0，1，2，3，4，5，6，7 这 8 个字符进行描述。它的基数为 8，计数规则是"逢八进一"。

3．十进制

十进制（Decimal，D）是人们日常生活中最熟悉的进位计数制。十进制数字用 0，1，2，3，4，5，6，7，8，9 这 10 个符号来描述。它的基数是 10，计数规则是"逢十进一"。

全世界通用的十进制，即逢十进一，满二十进二，……，以此类推。按权展开，整数部分，小数点向左第一位权为 10^0，第二位权为 10^1，……，以此类推，第 i 位权为 10^{i-1}；小数部分，小数点向右第一位权为 10^{-1}，第二位权为 10^{-2}，……，以此类推，第 i 位权为 10^{-i}。该数的数值等于每一位的数值与该位对应的权值乘积之和。

例如，对于十进制数 123.45，整数部分的第一个数码 1 处在百位，表示 100，第二个数码 2 处在十位，表示 20，第三个数码 3 处在个位，表示 3，小数点后第一个数码 4 处在十分位表示 0.4，小数点后第二个数码 5 处在百分位，表示 0.05。也就是说，十进制数 123.45 可以写成：

$$123.45=1\times10^2+2\times10^1+3\times10^0+4\times10^{-1}+5\times10^{-2}$$

上式称为数值的按权展开式，其中 10^i 称为十进制数位的位权。

4．十六进制

十六进制（Hexadecimal，H）是人们在计算机指令代码和数据的书写中经常使用的数制。十六进制数字用 0，1，…，9 和 A，B，…，F（或 a，b，…，f）这 16 个符号来描述。它的基数是 16，计数规则是"逢十六进一"。

十六进制与十进制的对应关系是：0～9 对应 0～9；A～F 对应 10～15；N 进制的数可以用 0～(N-1) 的数表示超过 9 的用字母 A～F。

三、数制的转换

不同的数制之间可以进行相互转换。

1．二进制数与十进制数的转换

（1）二进制数转换成十进制数。由二进制数转换成十进制数的基本做法是，把二进制数首先写成加权系数展开式，然后按十进制加法规则求和。这种做法称为"按权相加"法。

例如，二进制数 $110.11B=1\times2^2+1\times2^1+0\times2^0+1\times2^{-1}+1\times2^{-2}=6.75D$。

类似地，其他进制数（八进制、十六进制）转换为十进制也采用"按位权"展开，结果按常规运算方法相加。

例题 1：将二进制数 1101.11 转换成十进制数。

$1101.11B=1\times2^3+1\times2^2+0\times2^1+1\times2^0+1\times2^{-1}+1\times2^{-2}=13.75D$

例题 2：将十六进制数 A6F 转换成十进制数。

$A6FH=10\times16^2+6\times16^1+15\times16^0=2671D$

例题 3：将八进制数 1365 转换成十进制数。

$1365O=1\times8^3+3\times8^2+6\times8^1+5\times8^0=757D$

课堂练习：将二进制数 1101.101B、十六进制数 ABC7H 转换成十进制数；将八进制数 1231O 转换成十进制数。

（2）十进制数转换为二进制数。将十进制数转换为二进制数时，由于整数和小数的转换方法不同，所以先将十进制数的整数部分和小数部分分别转换后，再加以合并。

① 十进制整数转换为二进制整数。十进制整数转换为二进制整数采用"除 2 取余，反写"法。具体方法是：用十进制整数除以 2，得到一个商和余数；再用商除以 2，又会得到一个商和余数，以此类推，直到商为零时为止，然后，把先得到的余数作为二进制数的低位有效位，后得到的余数作为二进制数的高位有效位，依次排列起来。

例题 4：将十进制数 215 转化为二进制数。

结果是：$(215)_{10}=(11010111)_2$

② 十进制小数转换为二进制小数。十进制小数转换成二进制小数采用"乘 2 取整，正写"法。具体方法是：用 2 乘以十进制小数，可以得到积，将积的整数部分取出（整数部分是 0 也要取出），再用 2 乘以余下的小数部分，又得到一个积，再将积的整数部分取出，以此类推，直到积中的小数部分为零，或者达到所要求的精度为止。

然后，把取出的整数部分按顺序排列起来，先取的整数作为二进制小数的高位有效位，后取的整数作为低位有效位。

例题 5：将十进制数 0.75 转化为二进制数。

```
   0.75
 ×  2
 ─────────
   1.50    ………… 取 1    高位
   0.50
 ×  2
 ─────────
   1.00    ………… 取 1    低位
```

结果是：$(0.75)_{10}=(0.11)_2$

例题 6：将 $(13.6875)_{10}$ 转换为二进制数。

整数部分(13) 　　　　　　小数部分(0.6875)

$13 \div 2 = 6 \cdots 1$ 　　　　　$0.6875 \times 2 = \underline{1}.375$

$6 \div 2 = 3 \cdots 0$ 　　　　　　$0.375 \times 2 = \underline{0}.75$

$3 \div 2 = 1 \cdots 1$ 　　　　　　$0.75 \times 2 = \underline{1}.5$

$1 \div 2 = 0 \cdots 1$ 　　　　　　$0.5 \times 2 = \underline{1}.0$

$13 = (1101)_2$ 　　　　　　$0.6875 = (0.1011)_2$

结果是：$(13.6875)_{10} = (1101.1011)_2$

类似地，十进制数转换为八进制数，整数采用"除 8 取余，反写"法，小数采用"乘 8 取整，正写"法；十进制数转换为十六进制数，整数采用"除 16 取余，反写"法，小数采用"乘 16 取整，正写"法。

例题 7：将 $(654.3)_{10}$ 转换为八进制数，小数部分精确到 4 位。

整数部分(654) 　　　　　　小数部分(0.3)

$654 \div 8 = 81 \cdots 6$ 　　　　　$0.3 \times 8 = \underline{2}.4$

$81 \div 8 = 10 \cdots 1$ 　　　　　$0.4 \times 8 = \underline{3}.2$

$10 \div 8 = 1 \ \cdots 2$ 　　　　　　$0.2 \times 8 = \underline{1}.6$

$1 \div 8 = 0 \ \cdots 1$ 　　　　　　$0.6 \times 8 = \underline{4}.8$

$654 = (1216)_8$ 　　　　　　$0.3 \approx (0.2314)_8$

结果是：$(654.3)_{10} \approx (1216.2314)_8$

例题 8：将 $(6699.7)_{10}$ 转换为十六进制数，小数部分精确到 4 位。

整数部分(6699) 　　　　　　小数部分(0.7)

$6699 \div 16 = 418 \cdots 11(B)$ 　　$0.7 \times 16 = \underline{11}.2(B)$

$418 \div 16 = 26 \cdots\cdots 2$ 　　　$0.2 \times 16 = \underline{3}.2$

$26 \div 16 = 1 \cdots\cdots 10(A)$ 　　$0.2 \times 16 = \underline{3}.2$

$1 \div 16 = 0 \cdots\cdots 1$ 　　　　$0.2 \times 16 = \underline{3}.2$

$6699 = (1A2B)_{16}$ 　　　　　$0.7 \approx (0.B333)_{16}$

结果是：$(6699.7)_{10} \approx (1A2B.B333)_{16}$

一般先将十进制数转换成二进制数，再将二进制数转换成八进制数或十六进制数。

（3）二进制数转换成十六进制、八进制数。二进制数转换成十六进制的方法：采用"四位一并"法，整数部分，从低位到高位每 4 位分为一组，不足 4 位的补 0，然后将每组二进制数用对应的十六进制数表示出来；小数部分，则从小数点开始向右按照上述方法进行分组，不足 4 位的补 0。

例题 9：将二进制数 1100011011.11 转换为十六进制数。

二进制数　　　<u>00</u>11 0001 1011.11<u>00</u>

十六进制数　　　3　　1　　B . C

结果为：$(1100011011.11)_2 = (31B.C)_{16}$

二进制数转换成八进制数的方法与上类似，采用"三位一并"法，只要分组时每 3 位一组即可。

例题 10：将上述二进制数转换为八进制数。

二进制数　　　00̲1 100 011 011.11̲0

八进制数　　　1　3　3.6

结果为：$(1100011011.11)_2=(1433.6)_8$

课堂练习：将二进制数 11100101.01 分别转换成十六进制、八进制数。

（4）十六进制数、八进制数转换成二进制数。十六进制数转换成二进制数的方法：采用"一分为四"法，即将十六进制数的每一位用 4 位二进制数表示。

例题 11：将十六进制数 3B7D2 转换为二进制数。

十六进制数　　　3　　B　　7　　D　　2

二进制数　　　0̲011　1011　0111　1101　001̲0

结果为：$(387D2)_{16}=(11101101111101001)_2$

将八进制数转换成二进制数的方法与上类似，采用"一分为三"的方法即可。

例题 12：将八进制数 3452 转换为二进制数。

八进制数　　　3　4　5　2

二进制数　　　0̲11　100　101　01̲0

结果为：$(3452)_8=(1110010101)_2$

课堂练习：将十六进制数 1AB8 转换成二进制数；将八进制数 1232 转换成二进制数。

2．二进制数、八进制数、十进制数和十六进制数的转换

二进制数、八进制数、十进制数和十六进制数之间的转换，其对应关系如表 1-2-1 所示。

表 1-2-1　二进制数、八进制数、十进制数和十六进制数的对应关系

十进制数	二进制数	八进制数	十六进制数
0	0000	0	0
1	0001	1	1
2	0010	2	2
3	0011	3	3
4	0100	4	4
5	0101	5	5
6	0110	6	6
7	0111	7	7
8	1000	10	8
9	1001	11	9
10	1010	12	A
11	1011	13	B
12	1100	14	C
13	1101	15	D
14	1110	16	E
15	1111	17	F
16	10000	20	10

3．二进制的算术运算

二进制的算术运算与十进制数的算术运算一样，也包括加、减、乘、除四则运算，但运算更加简单。在计算机内部，二进制加法是基本运算，其他 3 种运算可以通过加法和移位来实现，这样可使计算机的运算器结构变得简单、稳定性好。

（1）加法运算。二进制数的加法运算规则如下。

0+0=0　　　0+1=1　　　1+0=1　　　1+1=10（即按"逢二进一"法，向高位进位1）

课堂练习：计算$(1011)_2+(1110)_2$的结果。

（2）减法运算。减法实质上是加上一个负数，主要应用补码运算。二进制数的减法运算规则如下。

0-0=0　　　1-0=1　　　1-1=0　　　0-1=1（向高位借位1，结果本位为1）

课堂练习：计算$(111001)_2-(10010)_2$的结果。

二进制数乘、除法的运算规则与十进制数的对应运算规则类似，在此就不一一列举了。

（3）逻辑运算。二进制数的逻辑运算包括逻辑"与""或""非"和"异或"操作等。

①"与"运算。"与"运算又称为逻辑乘，用符号"∧"表示，运算规则如下。

0∧0=0　　　0∧1=0　　　1∧0=0　　　1∧1=1

可以看出，当两个参与运算的数中有一个数为0时，运算结果为0；若都为1，则结果为1。

②"或"运算。"或"运算又称为逻辑加，用符号"∨"表示，运算规则如下。

0∨0=0　　　0∨1=1　　　1∨0=1　　　1∨1=1

即当两个参与运算的数中有一个数为1时，运算结果为1；若都为0，则结果为0。

③"非"运算。如果变量为A，则它的"非"运算结果用"‾"表示，运算规则如下。

$\overline{0}=1$　　　$\overline{1}=0$

④"异或"运算。"异或"运算用符号"∀"表示，运算规则如下。

0∀0=0　　　0∀1=1　　　1∀0=1　　　1∀1=0

即当两个参与运算的数不同时，运算结果为1，否则为0。

4．原码、反码、补码的基础概念和计算方法

数值数据在计算机内保存时，除了进制转换，还有两个问题需要解决，那就是数字的正负号和带小数部分的数值其小数点位置的处理。

正负号也采用编码的方法，可以将一个二进制数的最高位定义为符号位，用0表示正号，1表示负号，这种表示方法称为原码表示。另外，在计算机中，带符号数还有反码和补码等表示方法。计算机要使用一定的编码方式进行存储，原码、反码、补码是机器存储一个具体数字的编码方式。

（1）原码。原码表示法是一种比较直观的表示方法，其符号位表示该数的符号，而数值部分仍保留着其真值的特征。原码的表示方法是符号位加上真值的绝对值，即用第一位表示符号，其余位表示值。

以8位二进制为例。

$[+1]_{原码}=[0000\ 0001]_{原码}$

$[-1]_{原码}=[1000\ 0001]_{原码}$

因为第一位是符号位，所以8位二进制数的取值范围就是 [1111 1111，0111 1111]，即[-127，127]，原码是人脑最容易理解和计算的表示方式。

原码可表示的整数范围如下。

8位原码：$-(2^{7-1})\sim2^{7-1}$（$-127\sim127$）范围内的所有整数。

16位原码：$-(2^{15-1})\sim2^{15-1}$（$-32767\sim32767$）范围内的所有数。

n位原码：$-(2^{n-1}-1)\sim2^{n-1}-1$ 范围内的所有整数。

（2）反码。反码的表示方法是：正数的反码是其本身；负数的反码是在其原码的基础上，符号位不变，其余各个位取反。

[+1]=[00000001]$_{原码}$=[00000001]$_{反码}$

[-1]=[10000001]$_{原码}$=[11111110]$_{反码}$

（3）补码。补码的表示方法是：正数的补码就是其本身；负数的补码是在其原码的基础上，符号位不变，其余各位取反，最后+1（即反码+1）。

[+1]=[00000001]$_{原码}$=[00000001]$_{反码}$=[00000001]$_{补码}$

[-1]=[10000001]$_{原码}$=[11111110]$_{反码}$=[11111111]$_{补码}$

（4）补码运算规则。

[X+Y]$_{原码}$=[[X]$_{补码}$+[Y]$_{补码}$]$_{补码}$

[X-Y]$_{原码}$=[[X]$_{补码}$+[-Y]$_{补码}$]$_{补码}$

例题 13：

[32-43]$_{原码}$=[[32]$_{补码}$+[-43]$_{补码}$]$_{补码}$=[[00100000]$_{补码}$+[11010101]$_{补码}$]$_{补码}$

=[11110101]$_{补码}$=[11110100]$_{反码}$=[10001011]$_{原码}$=-11D

四、计算机中的数据编码

1．数的编码

数以某种表示方式存储在计算机中，称为机器数。机器数以二进制的形式存储在具有记忆功能的电子器件触发器中，每个触发器存储一位二进制数字，所以 n 为二进制数字占用 n 个触发器，这些触发器组合在一起，称为寄存器。

2．字符编码

（1）ASCII 码。目前，计算机中普遍采用的字符编码是美国标准信息交换码（American Standard Code for Information Interchange，ASCII 码）。这种编码采用 7 位二进制数字表示一个字符，其编码范围是（0000000）$_2$～（1111111）$_2$ 即 0～127，共有 2^7 个编码，即可表示 128 个字符。在计算机中存储一个字符的 ASCII 码时，实际上是使用一个字节的宽度（8 位二进制数），即在 7 位 ASCII 码中最高位为 0。编码方案如表 1-2-2 所示。

表 1-2-2 中的每个字符对应一个二进制编码，每个编码的数值称为 ASCⅡ码的值。例如，字母 A 的编码为 1000001B，即 65D 或 41H。由于 ASCⅡ码只有 7 位，在用一个字节保存一个字符的 ASCⅡ码时，占该字节的低 7 位，最高位补 0。

可以看出，数字 0～9 的 ASCⅡ码的值的范围是 48～59，大写字母的 ASCⅡ码的值的范围是 65～90，小写字母的 ASCⅡ码的值的范围是 97～122，其顺序与字母表中的顺序是一样的，并且同一个字母的大小写 ASCII 码的值相差 32。

（2）Unicode 编码。扩展的 ASCⅡ码提供了 256 个字符，但用来表示世界各国的文字编码显然是远远不够的，还需要表示更多的字符和意义，因此又出现了 Unicode 编码。

Unicode 编码是基于通用字符集（Universal Character Set）的标准来发展的，Unicode 是国际组织制定的可以容纳世界上所有文字和符号的字符编码方案。它为每种语言中的每个字符设定了统一并且唯一的二进制编码，以满足跨语言、跨平台进行文本转换、处理的要求。Unicode 编码自 1994 年公布以来已得到普及，广泛应用于 Windows 操作系统、Office 等软件中。

3．汉字编码

我国用户在使用计算机进行信息处理时，一般都要用到汉字，因此，必须解决汉字的输入、输出以及汉字处理等一系列问题。当然，关键问题是要解决汉字编码的问题。由于汉字是象形文字，数目很多，常用汉字就有 3 000～5 000 个，加上汉字的形状和笔画多少差异极大，因此，不可能用少数几个确定的符号将汉字完全表示出来，或像英文那样将汉字拼写出来。每个汉字必须有它自己独特的编码。

表 1-2-2　标准 ASCII 码字符集

ASCII 编码	编码的值	控制符号	ASCII 编码	编码的值	控制符号	ASCII 编码	编码的值	控制符号	ASCII 编码	编码的值	控制符号
0000000	0	NUL	0100000	32	空格	1000000	64	@	1100000	96	`
0000001	1	SOH	0100001	33	!	1000001	65	A	1100001	97	a
0000010	2	STX	0100010	34	"	1000010	66	B	1100010	98	b
0000011	3	ETX	0100011	35	#	1000011	67	C	1100011	99	c
0000100	4	EOT	0100100	36	$	1000100	68	D	1100100	100	d
0000101	5	ENQ	0100101	37	%	1000101	69	E	1100101	101	e
0000110	6	ACK	0100110	38	&	1000110	70	F	1100110	102	f
0000111	7	DEL	0100111	39	'	1000111	71	G	1100111	103	g
0001000	8	BS	0101000	40	(	1001000	72	H	1101000	104	h
0001001	9	HT	0101001	41	)	1001001	73	I	1101001	105	i
0001010	10	LF	0101010	42	*	1001010	74	J	1101010	106	j
0001011	11	VT	0101011	43	+	1001011	75	K	1101011	107	k
0001100	12	FF	0101100	44	,	1001100	76	L	1101100	108	l
0001101	13	CR	0101101	45	–	1001101	77	M	1101101	109	m
0001110	14	SO	0101110	46	.	1001110	78	N	1101110	110	n
0001111	15	SI	0101111	47	/	1001111	79	O	1101111	111	o
0010000	16	DLE	0110000	48	0	1010000	80	P	1110000	112	p
0010001	17	DC1	0110001	49	1	1010001	81	Q	1110001	113	q
0010010	18	DC2	0110010	50	2	1010010	82	R	1110010	114	r
0010011	19	DC3	0110011	51	3	1010011	83	S	1110011	115	s
0010100	20	DC4	0110100	52	4	1010100	84	T	1110100	116	t
0010101	21	NAK	0110101	53	5	1010101	85	U	1110101	117	u
0010110	22	SYN	0110110	54	6	1010110	86	V	1110110	118	v
0010111	23	ETB	0110111	55	7	1010111	87	W	1110111	119	w
0011000	24	CAN	0111000	56	8	1011000	88	X	1111000	120	x
0011001	25	EM	0111001	57	9	1011001	80	Y	1111001	121	y
0011010	26	SUB	0111010	58	:	1011010	90	Z	1111010	122	z
0011011	27	ESC	0111011	59	;	1011011	91	[	1111011	123	{
0011100	28	FS	0111100	60	<	1011100	92	\	1111100	124		
0011101	29	GS	0111101	61	=	1011101	93	]	1111101	125	}
0011110	30	RS	0111110	62	>	1011110	94	^	1111110	126	~
0011111	31	US	0111111	63	?	1011111	95	_	1111111	127	DEL

计算机中的汉字同样也是采用二进制编码。根据应用目的的不同，汉字编码分为汉字输入码、汉字交换码（国标码）、汉字机内码、汉字地址码、汉字字形码。

（1）汉字输入码。汉字输入码也叫汉字外部码（简称外码），是用来将汉字输入到计算机中的一组键盘符号。汉字输入方法很多，有区位、拼音、五笔字型等数百种。一种好的汉字输入方法应具有易学习、易记忆、效率高（击键次数少）、重码少和容量大等特点。不同输入法有自己的编码方案，不同输入法所采用的汉字编码统称为输入码。汉字输入码进入机器后，必须转为机内码。

（2）汉字区位码。汉字的区位码由一汉字的区号和位号组成，也是一种输入码，标准的汉字编码表有 94 行、94 列，其行号称为区号，列号称为位号。显然，区号范围是 1~94，位号范围也是 1~94，双字节中，用高字节表示区号，低字节表示位号。非汉字图形符号置于第 1~11 区，一级汉字 3 755 个置于第 16~55 区，二级汉字 3 008 个置于第 56~87 区。其最大的优点是一字一码的无重码输入法，最大的缺点是难以记忆。

（3）汉字国标码。我国于 1980 年颁布了汉字编码方案《中华人民共和国国家标准信息交换用汉字编码字符集基本集》（GB2312—1980），代号为国标码。国标码是国家规定的用于汉字信息交换使用的代码的依据。

汉字国标码按照汉字使用频度把汉字分为高频字（约 100 个）、常用字（约 3 000 个）、次常用字（约 4 000 个）、罕见字（约 8 000 个）和死字（约 4 500 个），并将高频字、常用字和次常用字归结为汉字字符集（6 763 个）。该字符集又分为两级，第一级汉字为 3 755 个，属常用字，按汉语拼音顺序排列；第二级汉字为 3 008 个，属非常用字，按部首排列。

汉字的国标码=汉字区位码+2020H

（4）汉字机内码。汉字机内码又称为汉字内部码或汉字内码，是计算机处理汉字时所用的代码。当计算机输入外部码时，一般都要转换成内部码，才能进行处理和存储。内部码通常用其汉字字库中的物理位置表示。它可以是汉字字库中的序号或者是汉字在字库中的物理区（段）号及位号，一般为两字节表达一个汉字的内部码。汉字的机内码采用变形国家标准码，以解决与 ASCII 码冲突的问题。将国家标准编码的两个字节中的最高位改为 1 即为汉字输入机内码。

汉字的机内码=汉字的国标码+8080H

例如：	财	经	院
区位码：	1838D	3013D	5226D
	1226H	1E0DH	341AH
国标码：	3246H	3E2DH	543AH
机内码：	B2C6H	BEADH	D4BAH

例如，汉字"大"的区位码是 2083D，计算其国标码。汉字"大"的区号 20 转换成十六进制数字为 14，位号 83 转换成十六进制数字为 53，两个字节分别加上 20H，即汉字"大"的国标码=1453H+2020H=3473H；机内码=3473H+8080H=B4F3H。

课堂练习：已知汉字"中"的区位码是 5448D，计算其国标码和机内码。

（5）汉字字形码。字形码是汉字的输出码，输出汉字时都采用图形方式，无论汉字的笔画多少，每个汉字都可以写在同样大小的方块中，如图 1-2-1 所示。

汉字字形码以点阵形式出现，上图是 16×16 点阵图，有汉字覆盖部分用 1 表示，无则用 0 表示，上图中的位代码就是表示一个汉字的汉字字形码。

汉字输入码、汉字内码、汉字字形码、汉字地址码、汉字信息交换码之间的关系如图 1-2-2 所示。

图 1-2-1　汉字字形码的点阵图

图 1-2-2　计算机汉字编码之间的关系

五、课后总结和练习

1．重点分析

掌握数值与编码，掌握二进制数、十进制数、十六进制数之间的相互转换。

2．练习

（1）什么是数制？

（2）编码的定义是什么？

（3）试解释二进制？

（4）二进制数转换为十进制数的方法。

（5）阐述十进制数转换为二进制数的方法。

（6）已知字符 A 的 ASCII 码是 01000001B，ASCII 码为 01000111B 的字符是多少？

（7）微机中采用的标准 ASCII 编码用多少位二进制数表示一个字符？

（8）存储一个汉字的机内码需两个字节，其前后两个字节的最高位二进制值依次分别是多少？

（9）1KB 的存储空间能存储多少个汉字国标（GB2312—80）码？

（10）存储一个 48×48 点的汉字字形码需要多少字节？

任务三　计算机硬件系统

　　一个完整的计算机系统由硬件系统和软件系统两大部分组成，如图 1-3-1 所示。这两大部分相辅相成，缺一不可。因为没有硬件，软件就无法存储和运行，也就失去了存在的意义；没有软件，硬件就是没有灵魂的"裸机"，不会做任何工作。硬件是计算机的"躯体"，软件是计算机的"灵魂"。

图1-3-1 计算机系统构成

计算机的硬件系统通常由"五大件"组成：运算器、控制器、存储器、输入设备和输出设备。

多媒体计算机
的硬件

一、运算器

运算器是完成各种算术运算和逻辑运算的装置，它主要由算术逻辑单元（Arithmetic-Logic Unit，ALU）和一组寄存器组成。ALU 是运算器的核心，它在控制信号的作用下，可以进行加、减、乘、除等算术运算和各种逻辑运算。寄存器用来存储 ALU 运算中所需的操作数机器运算结果。

二、控制器

控制器是计算机指挥和控制其他各部分工作的中心，其工作过程和人的大脑指挥和控制人的各器官一样，可以控制计算机的各部件能有条不紊地协调工作。

控制器是计算机的指挥中心，负责决定执行程序的顺序，给出执行指令时机器各部件需要的操作控制命令。它由程序计数器、指令寄存器、指令译码器、时序产生器和操作控制器组成，是发布命令的"决策机构"，即完成协调和指挥整个计算机系统的操作。

控制器的主要功能有以下几种。

从内存中取出一条指令，并指出下一条指令在内存中的位置，对指令进行译码或测试，并产生相应的操作控制信号，以便启动规定的动作；指挥并控制 CPU、内存和输入/输出设备之间数据流动的方向。

控制器根据事先给定的命令发出控制信息，使整个计算机指令执行过程一步一步地进行，是计算机的神经中枢。

控制器和运算器合在一起称为中央处理单元（Central Processing Unit，CPU），它是计算机的核心部件。

三、存储器

存储器将输入设备接收到的信息以二进制的数据形式存到存储器中。存储器有两种，分别称为内存储器和外存储器。

1．内存储器

微型计算机的内存储器是由半导体器件构成的，它可以与 CPU 直接进行数据交换，简称为内存或主存。从使用功能上分，内存有两种：随机存储器（Random Access Memory，RAM），又称读写存储器；只读存储器（Read Only Memory，ROM）。

（1）随机存储器。RAM 有以下特点：可以读出，也可以写入。读出时并不损坏原来存储的内容，只有写入时才修改原来所存储的内容。断电后，存储内容立即消失，即具有易失性。

RAM 可分为动态（Dynamic RAM，DRAM）和静态（Static RAM，SRAM）两大类。DRAM 用电容来存储信息，由于电容存在漏电现象，所以每隔一个固定的时间片必须对存储信息刷新一次，这是动态的含义；SRAM 用触发器的状态来存储信息，只要电源正常供电，触发器就能稳定地存储信息。二者相比，DRAM 具有集成度高、功耗低、价格便宜等特点，所以目前微机的内存一般采用 DRAM。微机的常用内存以内存条的形式插在主板上，如图 1-3-2 所示。

图 1-3-2　内存条

（2）只读存储器。ROM 是只读存储器。顾名思义，它的特点是只能读出原有的内容，不能由用户再写入新内容。原来存储的内容是采用掩膜技术由厂家一次性写入的，并永久保存下来。它一般用来存放专用的固定程序和数据，如监控程序、基本输入/输出系统模块 BIOS 等，不会因断电而丢失。除了 ROM 外，还有可编程只读存储器 PROM、可擦除可编程的只读存储器 EPROM、可用电擦除的可编程的只读存储器 EEPROM 等。

（3）高速缓冲存储器。高速缓冲存储器（Cache）是位于 CPU 与内存之间的规模较小但速度很快的存储器，由于它在高速的 CPU 和低速的内存之间起到缓冲作用，可以解决 CPU 和内存之间速度不匹配的问题，故称之为缓存，也称为高速缓冲存储器，一般用 SRAM 存储芯片实现。计算机系统按照一定的方式，将 CPU 频繁访问的内存数据存入 Cache，当 CPU 要读取这些数据时，则直接从 Cache 中读取，加快了 CPU 访问这些数据的速度，进而提高了系统整体运行速度。

在两级缓存系统中，Cache 分为一级缓存（L1 Cache）和二级缓存（L2 Cache）。一级缓存集成在 CPU 内部，又称为片内缓存；二级缓存一般焊接在主板上，又称为片外缓存。CPU 访问缓存的过程是：首先访问片内缓存，若未找到需要的数据则访问片外缓存，若仍未找到则需访问内存。

2．外存储器

外存储器因不能和 CPU 进行直接的数据交换，只能与内存交换信息而得名，也可简称外存或辅存。外存通常是磁性介质或光盘，像硬盘、软盘、磁带、CD 等，能长期保存信息，并且不依赖于电来保存信息，但是由机械部件带动，速度与 CPU 相比就显得慢得多。

（1）硬盘。将读写磁头、电动机驱动部件和若干涂有磁性材料的铝合金圆盘密封在一起构成硬盘。硬盘是计算机最重要的外存储器，具有比软盘大得多的容量和快得多的存取速度，而且可靠性高、使用寿命长。计算机操作系统、大量的应用软件和数据都存放在硬盘上。硬盘容量有320GB、500GB、750GB、1TB、2TB、3TB等。目前，市场上能买到的大容量硬盘为4TB。硬盘外观和内部驱动装置如图1-3-3和图1-3-4所示。

盘片
主轴
磁头
Z
音圈马达

图1-3-3　硬盘的外观　　　　　　　　　　图1-3-4　硬盘的内部

（2）光盘。光盘存储器是利用光学方式进行信息存储的设备，由光盘和光盘驱动器组成。

光盘不像磁盘利用表面磁化状态的不同，而是利用表面有无凹痕来表示信息，有凹痕的记录"0"，无凹痕的记录"1"。写入数据时，用高能激光照射盘片，灼烧形成凹痕；读取数据时，用低能激光照射盘片，在无凹痕处准确反射至光敏二极管，而有凹痕处因散射而被吸收，二极管接收到反射光时记"1"，否则记"0"。光盘通常分为只读型光盘CD-ROM、一次写入型光盘CD-R和可重写型光盘CD-RW等。光盘及其驱动器如图1-3-5和图1-3-6所示。

图1-3-5　光盘片　　　　　　　　　　　图1-3-6　光盘驱动器

（3）移动存储器。移动存储器无须驱动器和额外电源，只需从其采用的标准USB接口总线取电，可热插拔，读/写速度快，存储容量大，另外还具有价格便宜、体积小、外形美观、易于携带等特点。目前人们最常用的是移动闪存（U盘）和移动硬盘。

移动闪存又称U盘，它具有RAM存取数据速度快和ROM保存数据不易丢失的双重优点，且体积小、容量大、性价比高、使用方便，它已经取代人们使用多年的软盘而成为微型计算机的一种常用移动存储设备，如图1-3-7所示。

移动硬盘是通过相关部件将IDE转换成USB接口（或Firewire接口）连接到微型计算机上，从而完成读/写数据的操作，如图1-3-8所示。

图 1-3-7　U 盘 　　　　　　　　　　　　图 1-3-8　移动硬盘

3. 层次结构

随着 CPU 速度的不断提高和软件规模的不断扩大，人们当然希望存储器能同时满足速度快、容量大、价格低的要求。但实际上这一点很难办到，解决这一问题的较好方法是，设计一个快慢搭配、具有层次结构的存储系统。图 1-3-9 显示了新型微机系统中的存储器组织。它呈现出金字塔形结构，越往上存储器件的速度越快，CPU 的访问频度越高；同时，每位存储容量的价格也越高，系统的拥有量越小。从图 1-3-9 中可以看到，CPU 中的寄存器位于该塔的顶端，它有最快的存取速度，但数量极为有限；向下依次是 CPU 内的 Cache（高速缓冲存储器）、主板上的 Cache（由 SRAM 组成）、主存储器（由 DRAM 组成）、辅助存储器（半导体盘、磁盘）和大容量辅助存储器（光盘、磁带）；位于塔底的存储设备，其容量最大，每位存储容量的价格最低，但速度可能也是较慢或最慢的。

图 1-3-9　微机存储系统的层次结构

四、输入设备

输入设备用于将数据、程序、文字符号、图像、声音等信息输送到计算机中。常用的输入设备有键盘、鼠标、触摸屏、数字转换器等。

（1）键盘（Keyboard）。键盘是最常用也是最主要的输入设备，通过键盘，可以将英文字母、数字、标点符号等输入到计算机中，从而向计算机发出命令、输入数据等。

（2）鼠标（Mouse）。鼠标因形似老鼠而得名，其标准称呼应该是"鼠标器"。它用来控制显示器所显示的指针光标（Pointer）。从出现到现在，鼠标已经有 40 年的历史了。其使用是为了使计算机的操作更加简便，以代替键盘那繁琐的指令。

（3）触摸屏（Touch Screen）。触摸屏是一种覆盖了一层塑料的特殊显示屏，在塑料层后是互相交叉不可见的红外线光束。用户通过手指触摸显示屏来选择菜单项。触摸屏的特点是容易使用，如自动柜员机（Automated Teller Machine，ATM）、信息中心、饭店、百货商场等场合均可看到触摸屏的使用。

（4）数字转换器（Digitizer）。数字转换器是一种用来描绘或复制图画或照片的设备。把需要复制的内容放置在数字化图形输入板上，然后通过一个连接计算机的特殊输入笔描绘这些内容。随着输入笔在复制内容上的移动，计算机记录它在数字化图形输入板上的位置，当描绘完整个需要复制的内容后，图像即可在显示器上显示、在打印机上打印或存储在计算机系统上以便日后使用。数字转换器常常用于工程图纸的设计。

除此之外，输入设备还有游戏杆、光笔、数码相机、数字摄像机、图像扫描仪、传真机、条形码阅读器、语音输入设备等。

五、输出设备

输出设备将计算机的运算结果或者中间结果打印或显示出来。常用的输出设备有显示器、打印机、绘图仪和传真机等。

（1）显示器（Display）。显示器也叫监视器，是微机中最重要的输出设备之一，也是人机交互必不可少的设备。常用的显示器有阴极射线管显示器、液晶显示器和等离子显示器。像素和点距是显示器的主要性能之一。屏幕上图像的分辨率或者清晰度取决于能在屏幕上独立显示的点的直径，这种独立显示的点称为像素（Pixel），屏幕上两个像素之间的距离称为点距（Pitch）。目前，微机上使用的显示器的点距有0.31mm、0.28mm和0.25mm等规格。一般来说，点距越小，分辨率就越高，显示器的性能也就越好。

（2）打印机（Printer）。打印机是计算机最基本的输出设备之一，它将计算机的处理结果打印在纸上。打印机按印字方式可分为击打式和非击打式两类。击打式打印机是利用机械动作，将字体通过色带打印在纸上，根据印出字体的方式又可分为活字式打印机和点阵式打印机。非击打式打印机主要有喷墨打印机、激光打印机，其他如热敏式、静电式、热转写式打印机等。

（3）绘图仪（Plotter）。绘图仪能按照人们的要求自动绘制图形的设备。它可将计算机的输出信息以图形的形式输出，主要可用来绘制各种管理图表和统计图、大地测量图、建筑设计图、电路布线图、各种机械图与计算机辅助设计图等。

六、课后总结和练习

1．重点分析

掌握计算机硬件系统的组成，重点掌握运算器、控制器和存储器，掌握常见的计算机的输入设备和输出设备，了解各组成部分的作用。

2．练习

（1）计算机系统包括哪几部分？

（2）计算机硬件系统由哪几部分组成？

（3）什么是输入设备，包括哪些？

（4）什么是输出设备，包括哪些部分？

（5）什么是存储器？

（6）什么是运算器？

（7）什么是控制器？

（8）在微机系统中，对输入输出设备进行管理的基本系统是存放在什么中的？

（9）1GB等于多少字节？

（10）一个字节表示的最大无符号整数是多少？

任务四　计算机软件系统

一、计算机软件系统

计算机软件是由系统软件、支撑软件和应用软件构成的。系统软件是计算机系统中最靠近硬件一层的软件，其他软件一般都通过系统软件发挥作用。

所谓软件是指为方便使用计算机和提高使用效率而组织的程序以及用于开发、使用和维护的有关文档。软件系统可分为系统软件和应用软件两大类。

1. 系统软件

系统软件（System Software）由一组控制计算机系统并管理其资源的程序组成，其主要功能包括启动计算机，存储、加载和执行应用程序，对文件进行排序、检索，将程序语言翻译成机器语言等。实际上，系统软件可以看成是用户与计算机的接口，它为应用软件和用户提供了控制、访问硬件的手段，这些功能主要由操作系统完成。此外，编译系统和各种工具软件也属此类，它们从另一方面辅助用户使用计算机。下面分别介绍它们的功能。

（1）操作系统（Operating System，OS）。操作系统是管理、控制和监督计算机软、硬件资源协调运行的程序系统，由一系列具有不同控制和管理功能的程序组成，它是直接运行在计算机硬件上的、最基本的系统软件，是系统软件的核心。操作系统是计算机发展中的产物，它的主要目的有两个：一是方便用户使用计算机，是用户和计算机的接口，如用户键入一条简单的命令就能自动完成复杂的功能，这就是操作系统帮助的结果；二是统一管理计算机系统的全部资源，合理组织计算机工作流程，以便充分、合理地发挥计算机的效率。

（2）语言处理系统（翻译程序）。人和计算机交流信息使用的语言称为计算机语言或程序设计语言。计算机语言通常分为机器语言、汇编语言和高级语言 3 类。如果要在计算机上运行高级语言程序就必须配备程序语言翻译程序（以下简称翻译程序）。翻译程序本身是一组程序，不同的高级语言都有相应的翻译程序。翻译的方法有以下两种。

一种称为"解释"。早期的 BASIC 源程序的执行都采用这种方式。它调用机器配备的 BASIC "解释程序"，在运行 BASIC 源程序时，逐条对 BASIC 的源程序语句进行解释和执行，它不保留目标程序代码，即不产生可执行文件。这种方式速度较慢，每次运行都要经过"解释"，边解释边执行。

另一种称为"编译"，它调用相应语言的编译程序，把源程序变成目标程序（以 OBJ 为扩展名），然后再用连接程序把目标程序与库文件相连接形成可执行文件。尽管编译的过程复杂一些，但它形成的可执行文件（以 exe 为扩展名）可以反复执行，速度较快。运行程序时只要键入可执行程序的文件名，再按"Enter"键即可。

对源程序进行解释和编译任务的程序分别称为解释程序和编译程序。例如，FORTRAN、COBOL、PASCAL、C、C##和 Java 等高级语言，使用时需有相应的编译程序；BASIC、LISP 等高级语言，使用时需用相应的解释程序。

（3）服务程序。服务程序能够提供一些常用的服务性功能，它们为用户开发程序和使用计算机提供了方便，像微机上经常使用的诊断程序、调试程序、编辑程序均属此类。

（4）数据库管理系统。数据库是指按照一定联系存储的数据集合，可为多种应用所共享。数据库管理系统（Data Base Management System，DBMS）则是能够对数据库进行加工、管理的系统软件。其主要功能是建立、消除、维护数据库及对库中数据进行各种操作。数据库系统主要由数据库（DB）、数据库管理系统（DBMS）以及相应的应用程序组成。数据库系统不但能够存放大量的数据，更重要的是能迅速、自动地对数据进行检索、修改、统计、排序、合并等操作，以得到所需的信息。

数据库技术是计算机技术中发展最快、应用最广的一个分支。可以说，在今后的计算机应用开发中大都离不开数据库。因此，了解数据库技术尤其是微机环境下的数据库应用是非常必要的。

2．应用软件

应用软件（Application Software）是为解决各类实际问题而设计的程序系统。它可以是一个特定的程序，如一个图像浏览器；也可以是一组功能联系紧密、可以互相协作的程序的集合，如微软的 Office 软件；还可以是一个由众多独立程序组成的庞大的软件系统，如数据库管理系统。表 1-4-1 列举了一些应用领域的主流软件。

表 1-4-1　常用的应用软件

种　类	举　例
办公应用	Microsoft Office、WPS、OpenOffice
平面设计	Photoshop、Illustrator、CorelDraw
视频编辑与后期制作	Adobe Premiere、After Effects、Ulead
网站开发	Dreamweaver、FrontPage
辅助设计	AutoCAD、Rhino、Pro / E
三维制作	3dsMax、Maya
多媒体开发	Flash、Director、Author ware
程序设计	Visual Studio.Net、Eclipse、Visual C++
通信工具	QQ、飞信、飞秋、MSN

从其服务对象的角度，应用软件又可分为通用软件和专用软件两类。

二、课后总结和练习

认识应用软件

1．重点分析

掌握计算机软件系统的组成，重点掌握系统软件的组成。

2．练习

（1）什么是系统软件？

（2）系统软件包括哪些？

任务五　指令和程序设计语言

一、计算机指令

指令就是指挥计算机工作的指示和命令，程序就是一系列按一定顺序排列的指令，执行程序的过程就是计算机的工作过程。计算机指令指挥机器工作，人们用指令表达自己的意图，并交给控制器执行。一台计算机所能执行的各种不同指令的全体，称为计算机的指令系统。每台计算机均有自己特定的指令系统，不同的计算机制造商其指令内容和格式有所不同。

通常，一条指令包括操作码和操作数两方面的内容。操作码决定要完成的操作，操作数是指参加运算的数据及其所在的单元地址。

在计算机中，操作要求和操作数地址都由二进制数码表示，分别称为操作码和地址码，整条指令以二进制编码的形式存放在存储器中。

由于指令是按一定顺序将程序执行完成的，因而有必要了解指令的执行过程。首先是取指令和分析指令。按照程序规定的次序，从内存储器中取出当前执行的指令，并将其送到控制器的指令寄存器中，对所取的指令进行分析，即根据指令中的操作码确定计算机应进行什么操作。

其次是执行指令。根据指令分析结果，由控制器发出完成操作所需的一系列控制电位，以便指挥计算机有关部件完成这一操作，同时，还为取下一条指令做好准备。

执行一条指令的过程如下。

① 取出指令：从存储器某个地址中取出要执行的指令送到 CPU 内部的指令寄存器中暂存。

② 分析指令：把保存在指令寄存器中的指令送到指令译码器中，译出该指令对应的微操作。

③ 执行指令：根据指令译码，向各个部件发出相应的控制信号，完成指令规定的各种操作。

④ 最后，计算机为执行下一条指令做好准备，即取出下一条指令地址。

例如：10110000　　　　　　　　对应的汇编语言指令是 MOV　A，5
　　　　00000101

这是一条 2 字节指令，第 1 个字节（即 10110000）表示操作码，第 2 个字节（即 00000101）表示操作数。其含义是把数 5 送入累加器 A。

二、计算机的工作过程

计算机硬件系统由控制器、运算器、存储器、输入设备和输出设备 5 大功能部件组成，它们之间的关系如图 1-5-1 所示。总的指导思想是：存储程序，程序控制。

图 1-5-1　硬件系统组成原理图

输入设备在控制器控制下输入源程序和原始数据，控制器从存储器中依次读出程序的一条条指令，经过译码分析，发出一系列操作信号以指挥运算器、存储器等完成所规定的操作功能，最后由控制器命令输出设备以适当的方式输出最后结果。这一切工作都是由控制器控制的，而控制器赖以控制的主要依据则是存放于存储器中的程序。

三、程序设计语言

程序设计语言（Programming Language）用于书写计算机程序的语言。语言的基础是一组记号和一组规则。根据规则，由记号构成的记号串的总体就是语言。在程序设计语言中，这些记号串就是程序。程序设计语言有 3 个方面的因素，即语法、语义和语用。语用表示程序与使用者的关系。

语言的种类千差万别。但是，一般说来，基本成分不外乎 4 种。

① 数据成分：用以描述程序中所涉及的数据。

② 运算成分：用以描述程序中所包含的运算。

③ 控制成分：用以表达程序中的控制构造。

④ 传输成分：用以表达程序中数据的传输。

四、课后总结和练习

1．重点分析

掌握计算机指令、计算机指令系统、程序设计语言。

2．练习

（1）什么是指令？

（2）计算机指令系统是什么？

（3）什么是程序设计语言？

（4）程序设计语言的因素有哪些？

（5）程序设计语言的基本成分是什么？

任务六　多媒体技术简介

一、多媒体技术的基本概念

媒体（Medium）在计算机行业里有两种含义：其一是指传播信息的载体，如语言、文字、图像、视频、音频等；其二是指存储信息的载体，如 ROM、RAM、磁带、磁盘、光盘等，目前，主要的载体有 CD-ROM、VCD、网页等。

1．多媒体的定义

媒体也称媒质或介质，是表示和传播信息的载体。多媒体（Multi Media）实质上是融合了两种或两种以上的人机交互式信息和传播信息的媒体。

多媒体不仅是多种媒体信息本身，而且包含处理和应用它的一整套技术，称为多媒体技术。多媒体技术是指能够同时获取、处理、编辑、存储和展示两种以上不同类型信息的媒体技术。因此，"多媒体"与"多媒体技术"是同义词。

多媒体技术可以将所有媒体形式集成起来，使人们能以更加自然的方式使用信息并与计算机进行交流，如文字和语音的识别及输入、自然语言的理解和机器翻译、图形的识别和理解、机器人视觉和计算机视觉、知识工程以及人工智能等。多媒体技术的融入使计算机具有综合处理声音、文字、图像和视频的能力，它以丰富的声、文、图信息和方便的交互性，极大地改善了人机界面，改变了使用计算机的方式，从而为计算机进入人们生活和生产的各个领域打开了方便之门，对人们的工作、生活、学习和娱乐有着深刻的影响。

2．常见的媒体类型

目前常见的媒体有如下几种。

（1）文本。文本是以文字和各种专用符号表达的信息形式，它是现实生活中使用得最多的一种信息存储和传递方式。用文本表达信息给人以充分的想象空间，它主要用于对知识的描述性表示，如阐述概念、定义、原理和问题以及显示标题、菜单等内容。

（2）图像。图像是多媒体软件中最重要的信息表现形式之一，它是决定一个多媒体软件视觉效果的关键因素。

（3）动画。动画是利用人的视觉暂留特性，快速播放一系列连续运动变化的图形图像，也包括画面的缩放、旋转、变换、淡入淡出等特殊效果。通过动画可以把抽象的内容形象化，使许多难以理解的教学内容变得生动有趣。合理使用动画可以达到事半功倍的效果。

（4）声音。声音是人们用来传递信息、交流感情最方便、最熟悉的方式之一。在多媒体课件中，按其表达形式，可将声音分为讲解、音乐和效果 3 类。

（5）视频影像。视频影像具有时序性与丰富的信息内涵，常用于交代事物的发展过程。视频非常类似于我们熟知的电影和电视，有声有色，在多媒体中充当起重要的角色。

3．多媒体的基本特点

多媒体是融合两种以上媒体的人—机交互式信息交流和传播媒体，具有以下特点。

① 多样性：即通过多媒体计算机能同时传送多种媒体消息。

② 交互性：是指用户可以与计算机的多种信息媒体进行交互操作，从而为用户提供更加有效地控制和使用信息的方法。

③ 集成性：是指以计算机为中心综合处理多种信息媒体，它包括信息媒体的集成和处理这些媒体的设备的集成。

④ 数字化：即媒体以数字形式存在。

⑤ 实时性：是指声音、动态图像（视频）随时间的变化而变化。

二、常用的多媒体硬件设备和软件

一个完整的多媒体系统应包括多媒体计算机的硬件系统和多媒体计算机的软件系统。

1．多媒体计算机的硬件

多媒体计算机除了常规的硬件（如主机、软盘驱动器、硬盘驱动器、显示器、网卡）外，还有音频信息处理硬件、视频信息处理硬件及光盘驱动器等。

① 音频卡（Sound Card）：用于处理音频信息，它可以把话筒、录音机、电子乐器等输入的声音信息进行模数转换（A / D）、压缩等处理，也可以把经过计算机处理的数字化声音信号通过还原（解压缩）、数模转换（DIA）后用音箱播放出来，还可以用录音设备记录下来。

② 视频卡（Video Card）：用来支持视频信号（如电视）的输入与输出。

③ 采集卡：能将电视信号转换成计算机的数字信号，便于使用软件对转换后的数字信号进行剪辑处理、加工和色彩控制，还可将处理后的数字信号输出到录像带中。

④ 扫描仪：可将摄影作品、绘画作品或其他印刷材料上的文字、图像甚至实物扫描到计算机中，以便进行加工处理。

⑤ 光驱：分为只读光驱（CD-ROM）和可读写光驱（CD-R 或 CD-RW），可读写光驱又称刻录机。光驱可用于读取或存储大容量的多媒体信息。另外，DVD 出现在市场上很多年了，它的存储量更大，双面可达 17 GB，是升级换代的理想产品。

2．多媒体计算机的软件

软件系统按功能可以分为多媒体核心软件、多媒体工具软件和多媒体应用软件 3 个层次。

① 多媒体核心软件。对多媒体计算机而言，多媒体核心软件包括多媒体操作系统、声卡、CD-ROM 驱动器、视频卡、Microsoft Video for Windows 等多媒体平台、动画等媒体数据格式的驱动程序。

② 多媒体工具软件。多媒体工具软件包括多媒体数据处理软件、多媒体软件开发和多媒体数据库等，如 Authorware、3ds Max、Director、Photoshop、Flash 等都是比较有名的多媒体创作工具。

③ 多媒体应用软件。多媒体应用软件包括一些系统提供的应用程序，如 Windows 系统中的录音机、媒体播放器应用程序和用户开发的多媒体应用程序。

三、多媒体信息处理的关键技术

1．音频等媒体压缩、解压缩技术

研制多媒体计算机需要解决的关键问题之一是要使计算机能实时地综合处理声、文、图信息。然而，由于数字化的图像、声音等多媒体数据量非常大，而且视频音频信号还要求快速地传输处理，这致使在一般计算机特别是个人计算机系列上开展多媒体应用难以实现，因此，视频、音频数字信号的编码和压缩算法成为了一个重要的研究课题。

2．多媒体专用芯片技术

多媒体专用芯片仰仗于大规模集成电路（Very Large Scale Integration，VLSI）技术，它是多媒体硬件系统体系结构的关键技术。因为要实现音频、视频信号的快速压缩、解压缩和播放处理，需大量的快速计算。而要实现图像的许多特殊效果，图像的生成、绘制等处理以及音频信号的处理等，也都需要较快的运算处理速度，因此，只有采用专用芯片，才能取得满意的效果。

多媒体计算机的专用芯片可分为两类：一类是固定功能的芯片；另一类是可编程数字信号处理器 DSP 芯片。

除专用处理器芯片外，多媒体系统还需要其他集成电路芯片支持，如数/模（D/A）和模/数（A/D）转换器、音频、视频片、彩色空间变换器及时钟信号产生器等。

3．多媒体输出与输入技术

媒体输入/输出技术包括媒体变换技术、识别技术、媒体理解技术和综合技术。

目前，前两种技术相对比较成熟，应用较为广泛，后两种技术还不成熟，只能用于特定场合。输入/输出技术进一步的发展趋势如下。

（1）人工智能输入/输出技术。

（2）外围设备控制技术。

（3）多媒体网络传输技术。

4．多媒体存储设备与技术

多媒体的音频、视频、图像等信息虽经过压缩处理，但仍需相当大的存储空间，只有在大容量只读光盘存储器（CD-ROM）问世后才真正解决了多媒体信息存储空间的问题。

1996 年，DVD（Digital Video Disc）的新一代光盘标准被推出。它使得基于计算机的数字视盘驱动器将能从单个盘面上读取 4.7～17GB 的数据量。

大容量活动存储器发展极快，1995 年推出了超大容量的 ZIP 软盘系统。另外，作为数据备份的存储设备也有了发展。常用的备份设备有磁带、磁盘和活动式硬盘等。

由于存储在 PC 机服务器上的数据量越来越大，使得 PC 服务器的硬盘容量需求提高很快。为了避免磁盘损坏而造成的数据丢失，相关人员采用了相应的磁盘管理技术，磁盘阵列（Disk Array）就是在这种情况下诞生的一种数据存储技术。这些大容量存储设备为多媒体应用提供了便利条件。

5．多媒体软件开发技术

多媒体系统软件技术主要包括多媒体操作系统、多媒体编辑系统、多媒体数据库管理技术、多媒体信息的混合与重叠技术等，这里主要介绍多媒体操作系统和多媒体数据库技术。

（1）多媒体操作系统。要求该操作系统要像处理文本、图形文件一样方便灵活地处理动态音频和视频，在控制功能上，要扩展到对录像机、音响、MIDI 等声像设备以及 CD-ROM 光盘存储技术等。多媒体操作系统要能处理多任务，易于扩充。要求数据存取与数据格式无关，提供统一友好的界面。

（2）多媒体数据库技术。由于多媒体信息是结构型的，致使传统的关系数据库已不适用于多媒体的信息管理，需要从以下几个方面研究数据库。

① 研究多媒体数据模型。

② 研究数据压缩和解压缩的格式。

③ 研究多媒体数据管理及存取方法。

④ 用户界面。

四、多媒体计算机系统的组成

多媒体计算机系统是指能把视、听和计算机交互式控制结合起来，对音频信号和视频信号的获取、生成、存储、处理、回收和传输综合数字化所组成的一个完整的计算机系统。

一个多媒体计算机系统一般由 4 个部分构成：多媒体硬件平台（包括计算机硬件、声像等多种媒体的输入输出设备和装置）；多媒体操作系统（MOS）；图形用户接口（GUI）；支持多媒体数据开发的应用工具软件。

五、数据压缩与编码

在多媒体计算系统中，信息从单一媒体转到多种媒体；若要表示、传输和处理大量数字化了的声音/图片/影像视频信息等，数据量是非常大的。例如，一幅具有中等分辨率（640×480像素）的真彩色图像（24 位/像素），它的数据量约为每帧 1.37MB。若要达到每秒 25 帧的全动态显示要求，每秒所需的数据量为 184MB，而且要求系统的数据传输速率必须达到 184Mbit/s，这在目前是无法达到的。对于声音也是如此。若用 16 位/样值的 PCM 编码，采样速率选为44.1kHz，则双声道立体声声音每秒将有 176KB 的数据量。由此可见音频、视频的数据量之大。如果不进行处理，计算机系统几乎无法对它进行存取和交换。因此，在多媒体计算机系统中，为了达到令人满意的图像、视频画面质量和听觉效果，必须解决视频、图像、音频信号数据的大容量存储和实时传输问题。解决的方法，除了提高计算机本身的性能及通信信道的带宽外，更重要的是对多媒体进行有效的压缩。

1．数据压缩

多媒体数据之所以能够压缩，是因为视频、图像、声音这些媒体具有很大的压缩力。以目前常用的位图格式的图像存储方式为例，在这种形式的图像数据中，像素与像素之间无论在行方向还是在列方向都具有很大的相关性，因而整体上数据的冗余度很大；在允许一定限度失真的前提下，能对图像数据进行很大程度的压缩。

数据的压缩实际上是一个编码过程，即把原始的数据进行编码压缩。数据的解压缩是数据压缩的逆过程，即把压缩的编码还原为原始数据。因此，数据压缩的方法也称为编码方法。目前，数据压缩技术不断成熟，适应各种应用场合的编码方法不断产生。针对多媒体数据冗余类型的不同，相应地也有不同的压缩方法。

2．编码

根据编码原理进行分类，大致有编码、变换编码、统计编码、分析-合成编码、混合编码和其他一些编码方法。其中，统计编码是无失真的编码，其他编码方法基本上都是有失真的编码。

① 预测编码是针对空间冗余的压缩方法，其基本思想是利用已被编码的点的数据值，预测邻近的一个像素点的数据值。预测根据某个模型进行。如果模型选取得足够好，则只需存储和传输起始像素和模型参数就可代表全部数据了。按照模型的不同，预测编码又可分为线性预测、帧内预测和帧间预测。

② 变换编码也是针对空间冗余和时间冗余的压缩方法。其基本思想是将图像的光强矩阵（时域信号）变换到系统空间（频域）上，然后对系统进行编码压缩。在空间上具有强相关性的信号，反映在频域上是某些特定区域内的能量常常被集中在一起，或者是系数矩阵的发布具有某些规律。可以利用这些规律，分配频域上的量化比特数，从而达到压缩的目的。由于时域映射到频域总是通过某种变换进行的，因此称变换编码。因为正交变换的变换矩阵是可逆的，且逆矩阵与转换置矩阵相等，解码运算方便且保证有解，所以变换编码总是采用正交变换。

③ 统计编码属于无失真编码。它是根据信息出现概率的分布而进行的压缩编码。编码时某种比特或字节模式的出现概率大，用较短的码字表示；出现概率小，用较长的码字表示。这样，可以保证总的平均码长最短。最常用的统计编码方法是哈夫曼编码方法。

④ 分析—合成编码实质上都是通过对原始数据的分析，将其分解成一系列更适合于表示"基元"或从中提取若干具有更为本质意义的参数，编码仅对这些基本单元或特征参数进行。译码时则借助于一定的规则或模型，按一定的算法将这些基元或参数"综合"成原数据的一个逼近。这种编码方法可能得到极高的数据压缩比。

⑤ 混合编码综合两种以上的编码方法，这些编码方法必须针对不同的冗余进行压缩，使总的压缩性能得到加强。

⑥ 信息编码（Information Coding）是为了方便信息的存储、检索和使用，在进行信息处理时赋予信息元素以代码的过程。即用不同的代码与各种信息中的基本单位组成部分建立一一对应的关系。信息编码必须标准、系统化，设计合理的编码系统是关系信息管理系统生命力的重要因素。

信息编码的目的在于为计算机中的数据与实际处理的信息之间建立联系，提高信息处理的效率。

六、数字版权管理

数字版权管理（Digital Rights Management，DRM）是随着电子音频视频节目在互联网上的广泛传播而发展起来的一种新技术。其目的是保护数字媒体的版权，从技术上防止数字媒体的非法复制，或者在一定程度上使复制很困难，最终用户必须得到授权后才能使用数字媒体。

数字版权管理主要采用的技术为数字水印、版权保护、数字签名和数据加密。

数据加密和防复制是 DRM 的核心技术，一个 DRM 系统需要首先建立数字媒体授权中心（Rights Issuer，RI），编码已压缩的数字媒体，然后利用密钥对内容进行加密保护，加密的数字媒体头部存放着 KeyID 和节目授权中心的统一资源定位器（Uniform Resource Locator，URL）地址。用户在点播时，根据节目头部的 KeyID 和 URL 信息，通过数字媒体授权中心的验证授权后送出相关的密钥解密，数字媒体方可使用。需要保护的数字媒体是被加密的，即使被用户下载保存并散播给他人，如果没有得到数字媒体授权中心的验证授权也无法使用，从而严密地保护了数字媒体的版权。

数字版权管理是针对网络环境下的数字媒体版权保护而提出的一种新技术，一般具有以下6大功能。

① 数字媒体加密：打包加密原始数字媒体，以便于进行安全可靠的网络传输。

② 阻止非法内容注册：防止非法数字媒体获得合法注册从而进入网络流通领域。

③ 用户环境检测：检测用户主机硬件信息等行为环境，从而进入用户合法性认证。

④ 用户行为监控：对用户的操作行为进行实时跟踪监控，防止非法操作。

⑤ 认证机制：对合法用户进行鉴别并授权对数字媒体的行为权限。

⑥ 付费机制和存储管理：包括数字媒体本身及打包文件、元数据（密钥、许可证）和其他数据信息（如数字水印和指纹信息）的存储管理。

DRM 技术无疑可以为数字媒体的版权提供足够的安全保障。但是它要求将用户的解密密钥同本地计算机硬件相结合，很显然，对用户而言，这种方式的不足之处是非常明显的，因为用户只能在特定地点特定计算机上才能得到所订购的服务。随着计算机网络的不断发展，网络的模式和拓扑结构也发生着变化，传统基于 C/S 模式的 DRM 技术在面临不同的网络模式时需要给出不同的解决方案来实现合理的移植，这也是 DRM 技术有待进一步研究和探索的课题。

七、课后总结和练习

1. 重点分析

掌握多媒体技术、多媒体技术软件技术组成、多媒体计算机系统、数据压缩、数字版权管理。

2. 练习

（1）什么是多媒体技术？

（2）多媒体系统软件技术包括哪些？

（3）什么是多媒体计算机系统？

（4）多媒体计算机系统包括哪几个部分？

（5）什么是数据压缩？

（6）什么是数字版权管理？

（7）数字版权管理采用的技术有哪些？

任务七　计算机病毒及其防治

编制者在计算机程序中插入的破坏计算机功能或者破坏数据、影响计算机使用并且能够自我复制的一组计算机指令或者程序代码被称为计算机病毒（Computer Virus）。计算机病毒具有破坏性、复制性和传染性。

一、计算机病毒的定义和特征

1. 计算机病毒的定义

计算机病毒（Computer Virus）在《中华人民共和国计算机信息系统安全保护条例》中被明确定义，是指"编制者在计算机程序中插入的破坏计算机功能或者破坏数据、影响计算机使用并且能够自我复制的一组计算机指令或者程序代码"。

与医学上的"病毒"不同，计算机病毒不是天然存在的，是某些人利用计算机软件和硬件所固有的脆弱性编制的一组指令集或程序代码。它能通过某种途径潜伏在计算机的存储介质（或程序）里，当达到某种条件时即被激活，通过修改其他程序的方法将自己的精确复制或者可能演化的形式放入其他程序中，从而感染其他程序，对计算机资源进行破坏。所以，计算机病毒是人为造成的，对其他用户的危害很大。

2. 计算机病毒的表现

计算机出现病毒，通常表现为以下形式。

（1）计算机系统运行速度减慢。

（2）计算机系统经常无故发生死机。

（3）计算机系统中的文件长度发生变化。

（4）计算机存储的容量异常减少。

（5）系统引导速度减慢。

（6）丢失文件或文件损坏。

（7）计算机屏幕上出现异常显示。

（8）计算机系统的蜂鸣器出现异常声响。

（9）磁盘卷标发生变化。

（10）系统不识别硬盘。

（11）对存储系统异常访问。

（12）键盘输入异常。

（13）文件的日期、时间、属性等发生变化。

（14）文件无法正确读取、复制或打开。

（15）命令执行出现错误。

（16）虚假报警。

（17）切换当前盘，有些病毒会将当前盘切换到 C 盘。

（18）时钟倒转。有些病毒会命令系统时间倒转，逆向计时。

（19）Windows 操作系统无故频繁出现错误。

（20）系统异常重新启动。

（21）一些外部设备工作异常。

（22）异常要求用户输入密码。

（23）Word 或 Excel 提示执行"宏"。

（24）使不应驻留内存的程序驻留内存。

3．计算机病毒的特点

（1）繁殖性。计算机病毒可以像生物病毒一样进行繁殖，当正常程序运行的时候，它也进行自身复制。是否具有繁殖、感染的特征是判断某段程序为计算机病毒的首要条件。

（2）破坏性。计算机中毒后，可能会导致正常的程序无法运行，计算机内的文件被删除或受到不同程度的损坏，通常表现为增、删、改、移。

（3）传染性。计算机病毒不但本身具有破坏性，更有害的是具有传染性，一旦病毒被复制或产生变种，其速度之快令人难以预防。

（4）潜伏性。有些病毒像定时炸弹一样，让它什么时间发作是预先设计好的。例如，黑色星期五病毒，不到预定时间一点都觉察不出来，等到条件具备的时候一下子就爆炸开来，对系统进行破坏。一个编制精巧的计算机病毒程序，进入系统之后一般不会马上发作，因此病毒可以静静地在磁盘或磁带里躲上几天，甚至几年，一旦时机成熟，得到运行机会，就又要四处繁殖、扩散，继续危害。潜伏性的第二种表现是指计算机病毒的内部往往有一种触发机制，不满足触发条件时，计算机病毒除了传染外不做什么破坏。触发条件一旦得到满足，有的在屏幕上显示信息、图形或特殊标识，有的则执行破坏系统的操作，如格式化磁盘、删除磁盘文件、对数据文件做加密、封锁键盘以及使系统死锁等。

（5）隐蔽性。计算机病毒具有很强的隐蔽性，有的可以通过病毒软件检查出来，有的根本就查不出来，有的时隐时现、变化无常，这类病毒处理起来通常很困难。

（6）可触发性。病毒因某个事件或数值的出现，诱使病毒实施感染或进行攻击的特性称为可触发性。为了隐蔽自己，病毒必须潜伏，少做动作。如果完全不动，一直潜伏的话，病毒既不能感染也不能进行破坏，便失去了杀伤力。病毒既要隐蔽又要维持杀伤力，就必须具有可触发性。病毒的触发机制就是用来控制感染和破坏动作的频率的。病毒具有预定的触发条件，这些条件可能是时间、日期、文件类型或某些特定数据等。病毒运行时，触发机制检查预定条件是否满足，如果满足，启动感染或破坏动作，使病毒进行感染或攻击；如果不满足，使病毒继续潜伏。

二、计算机病毒的预防

提高系统的安全性是防病毒的一个重要方面，但完美的系统是不存在的，过于强调提高系统的安全性将使系统多数时间用于病毒检查，系统失去了可用性、实用性和易用性；另一方面，信息保密的要求让人们在泄密和抓住病毒之间无法选择，加强内部网络管理人员以及使用人员的安全意识。很多计算机系统常用口令来控制对系统资源的访问，这是防病毒进程中最容易和最经济的方法之一。另外，安装杀毒软件并定期更新也是预防病毒的重中之重。

做好计算机病毒的预防，是防治病毒的关键。

（1）计算机病毒的预防措施有如下几种。

① 不使用盗版或来历不明的软件，特别不能使用盗版的杀毒软件。

② 写保护所有系统软盘。

③ 安装真正有效的防毒软件，并经常进行升级。

④ 新购买的计算机在使用之前首先要进行病毒检查，以免机器带毒。

⑤ 准备一张干净的系统引导盘，并将常用的工具软件复制到该盘上，然后妥善保存。此后，一旦系统受到病毒侵犯，我们就可以使用该盘引导系统，进行检查、杀毒等操作。

⑥ 对外来程序要使用查毒软件进行检查，未经检查的可执行文件不能拷入硬盘，更不能使用。

⑦ 尽量不要使用软盘启动计算机。

⑧ 将硬盘引导区和主引导扇区备份下来，并经常对重要数据进行备份。

（2）及早发现计算机病毒是有效控制病毒危害的关键。检查计算机有无病毒主要有两种途径：一种是利用反病毒软件进行检测，一种是观察计算机出现的异常现象。下列现象可作为检查病毒的参考。

① 屏幕出现一些无意义的显示画面或异常的提示信息。

② 屏幕出现异常滚动而与行同步无关。

③ 计算机系统出现异常死机和重启动现象。

④ 系统不承认硬盘或硬盘不能引导系统。

⑤ 机器喇叭自动产生鸣叫。

⑥ 系统引导或程序装入时速度明显减慢，或异常要求用户输入口令。

⑦ 文件或数据无故丢失，或文件长度自动发生了变化。

⑧ 磁盘出现坏簇或可用空间变小，或不识别磁盘设备。

⑨ 编辑文本文件时，频繁地自动存盘。

计算机病毒应立即清除，将病毒危害减少到最低限度。发现计算机病毒后的解决方法有以下几种。

① 在清除病毒之前，要先备份重要的数据文件。

② 启动最新的反病毒软件，对整个计算机系统进行病毒扫描和清除，使系统或文件恢复正常。

③ 发现病毒后，我们一般应利用反病毒软件清除文件中的病毒，如果可执行文件中的病毒不能被清除，一般应将其删除，然后重新安装相应的应用程序。

④ 某些病毒在 Windows 状态下无法完全清除，此时我们应用事先准备好的干净的系统引导盘引导系统，然后在 DOS 下运行相关的杀毒软件进行清除。常见的杀毒软件有瑞星、金山毒霸、KV3000、KILL 等。

三、课后总结和练习

1．重点分析

理解计算机病毒的含义，了解计算机病毒的特点，掌握如何防治计算机病毒。

2．练习

（1）什么计算机病毒？

（2）计算机病毒的特点有哪些？

（3）计算机病毒的预防方法有哪些？

习　题

一、选择题

1．下列不能安装在 NTFS 格式分区上的系统是（　　）。

 A．Windows 98 B．Windows NT C．Windows 2000 D．Windows XP

2．计算机中运算器所在的位置是（　　）。

 A．内存   B．CPU   C．硬盘   D．光盘

3．下列选项中用来拨号上网的是（　　）。

 A．调制解调器 B．网卡   C．集线器   D．交换机

4．计算机系统由（　　）所组成。

 A．输入系统和输出系统   B．主机和外部设备

 C．硬件系统和软件系统   D．系统软件和应用软件

5．在维修计算机时，一般可以通过（　　）来引导系统进入纯 DOS 状态。

 A．Windows 98 启动软盘   B．主板诊断卡

 C．万用表   D．杀毒软件

6．裸机是指（　　）。

 A．不装备任何软件的计算机

 B．只装有操作系统的计算机

 C．既装有操作系统，又装有应用软件的计算机

 D．只装有应用软件的计算机

7．有关微型计算机中，对 CPU 的说法不正确的是（　　）。

 A．CPU 是硬件的核心   B．CPU 又叫中央处理器

 C．计算机的性能主要取决于 CPU D．CPU 由控制器和寄存器组成

8．十六进制数"BD"转换为等值的八进制数是（　　）。

 A．274   B．275   C．254   D．264

9. 下面的数值中，（　　　）肯定是十六进制数。

    A. 1011　　　　　　B. 12A　　　　　　C. 74　　　　　　D. 125

10. 在 16×16 点阵字库中，存储一个汉字的字模信息需用的字节数是（　　　）。

    A. 8　　　　　　　　B. 16　　　　　　　C. 32　　　　　　D. 64

11. "中国"这两个汉字的内码所占用的字节数是（　　　）。

    A. 2　　　　　　　　B. 4　　　　　　　　C. 8　　　　　　　D. 16

12. 下列字符中，ASCII 码值最大的是（　　　）。

    A. Y　　　　　　　　B. y　　　　　　　　C. A　　　　　　　D. a

13. 在微机硬件中，既可作为输出设备，又可作为输入设备的是（　　　）。

    A. 绘图仪　　　　　B. 扫描仪　　　　　C. 手写笔　　　　　D. 磁盘驱动器

14. 操作系统的作用是（　　　）。

    A. 把源程序翻译成目标程序　　　　　　B. 实现软件、硬件的转换

    C. 管理计算机的硬件设备　　　　　　　D. 控制和管理系统资源的使用

15. 一个带有通配符的文件名 F*.? 可以代表的文件是（　　　）。

    A. F. COM　　　　B. FABC. TXT　　C. FA. C　　　　D. FF. EXE

16. 一个文件路径名为"C:\groupa\text1\293.txt"，其中 text1 是一个（　　　）。

    A. 文件夹　　　　　B. 根文件夹　　　　C. 文件　　　　　　D. 文本文件

17. 下列选项中，不是文件属性的是（　　　）。

    A. 系统　　　　　　B. 隐藏　　　　　　C. 存档　　　　　　D. 只读

18. Windows 中的"回收站"是（　　　）的一个区域。

    A. 内存中　　　　　B. 硬盘上　　　　　C. 软盘上　　　　　D. 高速缓存中

19. 以下关于 Windows 快捷方式的说法，正确的是（　　　）。

    A. 一个快捷方式可指向多个目标对象

    B. 一个对象可有多个快捷方式

    C. 只有文件和文件夹对象可建立快捷方式

    D. 不允许为快捷方式建立快捷方式

20. Windows XP 不支持的文件系统是（　　　）。

    A. NTFS　　　　　B. FAT　　　　　　C. EXT3　　　　　D. FAT32

21. 在 Windows 中，要改变屏幕保护程序的设置，应首先双击控制面板窗口中的（　　　）。

    A. "多媒体"图标　B. "显示"图标　　C. "键盘"图标　　D. "系统"图标

22. 在 Windows 中，按组合键（　　　）可以实现中文输入和英文输入之间的切换。

    A. "Ctrl+空格"　　B. "Shift+空格"　C. "Ctrl+Shift"　D. "Alt+Tab"

23. 粘贴的快捷键是（　　　）。

    A. "Ctrl+C"　　　B. "Ctrl+V"　　　C. "Ctrl+T"　　　D. "Ctrl+S"

24. 在计算机软件系统中，图像处理软件属于（　　　）。

    A. 系统软件　　　　B. 用户软件　　　　C. 应用软件　　　　D. 工具软件

25. 下列数中，最小的是（　　　）。

    A. 11011001B　　B. 75D　　　　　　C. 370　　　　　　D. 2AH

26. 如果发现某个 U 盘已染上病毒，则应（　　　）。

    A. 将该 U 盘销毁

    B. 将该 U 盘上的文件复制到另外的 U 盘上使用

C. 换一台计算机使用该 U 盘上的文件，使病毒慢慢消失

D. 用反病毒软件消除 U 盘上的病毒或在装有防病毒卡的计算机上格式化该 U 盘

27. 计算机的基本硬件组成是（　　）。

A. 运算器、显示器、硬盘、控制器

B. 运算器、显示器、硬盘、打印机

C. 运算器、控制器、存储器、输入设备、输出设备

D. 运算器、显示器、存储器、打印机

28. 为了防止计算机病毒的传染，应该做到（　　）。

A. 干净的 U 盘不要与来历不明的 U 盘放在一起

B. 不要复制来历不明的 U 盘上的程序

C. 长时间不用的 U 盘要经常格式化

D. 对 U 盘上的文件要经常重新复制

29. 计算机存储器容量的基本单位是（　　）。

A. 字节　　　　　　B. 波特　　　　　　C. 赫兹　　　　　　D. 指令

30. 多媒体计算机是指（　　）。

A. 具有多种外部设备的计算机　　　　B. 能与多种电器连接的计算机

C. 能处理多媒体的计算机　　　　　　D. 借助多种媒体操作的计算机

二、简答题

1. 微型计算机系统由哪几部分组成？其中硬件包括哪几部分？软件包括哪几部分？各部分的功能如何？

2. 微型计算机的存储体系如何？内存和外存各有什么特点？

3. 计算机的更新换代由什么决定？主要技术指标是什么？

4. 表示计算机存储器容量的单位是什么？如何由地址总线的根数来计算存储器的容量？KB、MBIT/S、GB 代表什么意思？

5. 已知X的补码为 11110110，求其真值。将二进制数+1100101B 转换为十进制数，并用 8421BCD 码表示。

6. 将十进制数 2746.12851 转换为二进制数、八进制数和十六进制数。

7. 分别用原码、补码、反码表示有符号数+102 和−103。

8. 用浮点格式表示十进制数 123.625。

9. 设浮点数的形式为阶符阶码尾符尾数，其中阶码（包括 1 位符号位）取 4 位补码，尾数（包括 1 位符号位）取 8 位原码，基为 2。请写出二进制数110.0101B 的浮点数形式。

UNIT 2

单元二
计算机网络技术与Internet

任务 · 掌握计算机网络基础知识

一、计算机网络的基本概念与发展

1. 计算机网络的定义

计算机网络是由地理位置分散的、具有独立功能的多台计算机利用通信设备和传输介质互相连接，并配以相应的网络协议和网络软件，以实现数据通信和资源共享的计算机系统。

2. 计算机网络的发展

计算机网络的发展大致可以分为 4 个阶段。

第 1 阶段（远程终端联机阶段）：20 世纪 50 年代中期至 60 年代，以通信技术和计算机技术为基础，建成最初的以单台计算机为中心的远程联机系统的计算机网络，较典型的有 1963 年美国空军建立的半自动化地面防空系统（SAGE），其结构如图 2-1-1 所示。

图 2-1-1 第 1 代计算机网络结构示意图

第 2 阶段（计算机网络阶段）：20 世纪 60 年代末期至 70 年代，以计算机网络为基础发展起来的计算机网络，如美国国防部高级计划研究署开发的 ARPANET，它也是如今 Internet 的雏形，其结构如图 2-1-2 所示。

图 2-1-2 第 2 代计算机网络结构示意图

第 3 阶段（计算机网络互联阶段）：20 世纪 80 年代至 90 年代，建立了 OSI（Open System Interconnection）开放式系统互联参考模型和 TCP/IP（传输控制协议/网际协议）两种国际标准的网络体系结构，其结构如图 2-1-3 所示。

第 4 阶段（信息高速公路阶段）：20 世纪 90 年代至今，以宽带综合业务数字网和 ATM 技术为核心建立的计算机网络，随着光纤通信技术的应用和多媒体技术的迅速发展，计算机网络向全面综合化、高速化和智能化方向发展，其结构如图 2-1-4 所示。

图 2-1-3　第 3 代计算机网络结构示意图

图 2-1-4　第 4 代计算机网络结构示意图

二、计算机网络的功能

计算机网络系统具有丰富的功能，其中最重要的是资源共享和快速通信。

1. 快速通信（数据传输）

计算机网络为分布在不同地点的计算机用户提供了快速传输信息的手段，网上不同的计算机之间可以传送数据、交换信息（目前包括文字、声音、图形、图像等）。

2. 共享资源

共享资源是计算机网络的重要功能。计算机资源包括硬件、软件和数据等。所谓共享资源就是指网络中各计算机的资源可以互相通用。例如，在办公室里的几台计算机可以经网络共用一台激光打印机。

3．提高可靠性

计算机网络中的各台计算机可以通过网络互相设置为后备机，一旦某台计算机出现故障，网络中的后备机即可代替继续执行，保证任务正常完成，避免系统瘫痪，从而提高了计算机的可靠性。

4．分担负荷

当网上某台计算机的任务过重时，可将部分任务转交到其他较空闲的计算机上去处理，从而均衡计算机的负担，减少用户的等待时间。

5．实现分布式处理

将一个复杂的大任务分解成若干个子任务，由网上的计算机分别承担其中的一个任务，共同运作并完成，以提高整个系统的效率，这就是分布式处理模式。计算机网络使分布式处理成为可能。

三、计算机网络的分类

计算机网络可以有不同的分类方法，常用的分类方法有按网络覆盖的地理范围分类、按网络的拓扑结构分类、按网络协议分类、按传输介质分类、按所使用的网络操作系统分类和按传输技术分类。

（1）按覆盖范围进行分类，可将网络分为局域网、广域网和城域网 3 种类型。

① 局域网。局域网网络地理覆盖范围有限，大约在几百米到几千米，覆盖范围一般是一个部门、一栋建筑物、一个校园或一个公司。局域网组网方便、灵活，传输速度较高。

② 广域网。广域网也称为远程网，其作用范围大约在几十到几千千米，它可覆盖一个国家或地区，形成国际性的远程网。广域网内用于通信的传输装置和介质，一般由电信部门提供，网络由多个部门或多个国家联合组建而成，网络规模大，能实现较大范围的资源共享。互联网就是典型的广域网。

③ 城域网。城域网的作用范围介于局域网和广域网之间，约为几十千米。

（2）按拓扑结构进行分类，可以将网络分为总线型网络、环型网络、星型网络、树型网络、网状型网络和混合型网络。例如，以总线型物理拓扑结构组建的网络为总线型网络，同轴电缆以太网系统就是典型的总线型网络；以星型物理拓扑结构组建的网络为星型网络，交换式局域网以及双绞线以太网系统都是星型网络。

① 总线型结构。总线型结构采用一条单根的通信线路（总线）作为公共的传输通道，所有的结点都通过相应的接口直接连接到总线上，并通过总线进行数据传输，如图 2-1-5 所示。

图 2-1-5　总线型拓扑结构

② 环型结构。环型结构是各个网络结点通过环接口连在一条首尾相接的闭合环型通信线路中，如图 2-1-6 所示。

③ 星型结构。星型结构的每个结点都由一条点到点链路与中心结点（公用中心交换设备，如交换机、Hub 等）相连，如图 2-1-7 所示。

图 2-1-6　环型拓扑结构　　　　　　　　图 2-1-7　星型拓扑结构

④ 树型结构。树型结构是从总线型和星型结构而演变而来的，与星型相比，它的通信线路总长度短、成本较低、节点易于扩充、寻找路径比较方便，如图 2-1-8 所示。

⑤ 网状结构。网状结构是指将各网络结点与通信线路互联成不规则的形状，每个结点至少与其他两个结点相连，或者说每个结点至少有两条链路与其他结点相连，如图 2-1-9 所示。

图 2-1-8　树型拓扑结构　　　　　　　　图 2-1-9　网状拓扑结构

⑥ 混合型结构。混合型结构是由以上几种拓扑结构混合而成的。

（3）按物理结构和传输技术进行分类，可将网络分为广播式网络和点到点网络。

（4）按使用性质进行分类，可将网络分为公用网和专用网。

（5）按使用范围和对象进行分类，可将网络分为企业网、政府网、金融网、校园网。

四、计算机网络的组成

计算机网络主要由资源子网和通信子网两部分组成，如图 2-1-10 所示。

1．资源子网

资源子网主要包括联网的计算机、终端、外部设备、网络协议及网络软件等。它的主要任务是负责收集、存储和处理信息，为用户提供网络服务和资源共享功能等。

0.　通信子网

通信子网即把各站点互相连接起来的数据通信系统，主要包括通信线路（即传输介质）、网络连接设备（如通信控制处理器）、网络协议和通信控制软件等。它的主要任务是负责连接网上的各种计算机，完成数据的传输、交换、加工和通信处理工作。

图 2-1-10　计算机网络的组成

五、计算机网络的硬件

计算机网络的硬件主要是指网络中的计算机设备、传输介质和通信连接设备等。其中，计算机设备主要是指服务器和工作站。

1.　网络基础设备

（1）服务器（Server）。服务器是网络中的核心设备，负责网络资源管理和为用户提供服务，一般由高档微机、工作站或专用服务器充当，服务器上运行网络操作系统。

从应用角度划分，服务器分为文件服务器（File Server）和应用服务器（Application Server）。文件服务器为网络提供文件共享和文件打印服务；应用服务器不仅需要有文件服务器的功能，而且还要能完成用户所交给的任务。

（2）工作站（Work Station）。工作站是在网络上除服务器以外能独立处理问题的个人计算机。工作站有可独立工作的操作系统，可选择上网使用或独立网络使用。

（3）同位体（Peer）。同位体是可同时作为服务器和工作站的计算机。

（4）网卡（Network Interface Card，NIC）。网卡即网络接口卡，又称网络适配器。它安装在服务器或工作站的扩展槽中。根据网卡的速度划分，网卡有 10Mbit/s 和 100Mbit/s 两种。此外，还有一种 10/100Mbit/s 自适应网卡，既可以当 10Mbit/s 网卡使用，也可以当 100Mbit/s 网卡使用。

（5）集线器（Hub）。在局域网的星型拓扑结构中，通常将若干台工作站经过双绞线汇接到一个称为集线器的设备上。其主要作用是对信号中继放大，同时也能实现故障隔离，即当一台工作站出现故障，不会影响网络上其他计算机的正常工作，如图 2-1-11 所示。

图 2-1-11　集线器

（6）调制解调器（Modem）。调制解调器是调制器（Modulator）和解调器（Demodulator）的简称。调制解调器的功能是将计算机输出的数字信号转换成模拟信号，以便能在电话线路上传输。当然，它也能够将线路上传来的模拟信号转换成数字信号，以便于计算机接收。

调制解调器分为内置式和外置式两种。内置式调制解调器是一块计算机扩展插卡，要插入计算机的扩展槽中。外置式调制解调器是一个单独的盒子，放在计算机外使用，与计算机的串行通信口或并行通信口相连。

2．局域网互联设备

（1）路由器（Router）。路由器用于连接两个以上同类网络，位于某两个局域网中的两个工作站之间，通信时存在多条路径。路由器的主要功能有识别网络层地址、选择路由、生成和保护路由表等。常见的路由器有 Cisco 公司和 Bay 公司的系列产品，如图 2-1-12 所示。

（2）网桥（Bridge）。网桥用于连接两个同一操作系统类型的网络。网桥的作用有两个：隔离和转发，如图 2-1-13 所示。

图 2-1-12　路由器

图 2-1-13　网桥

（3）网关（Gateway）。当具有不同操作系统的网络互联时，一般需要采用网关。网关除了具有路由器的全部功能外，还能实现不同网络之间的协议转换，如图 2-1-14 所示。

（4）中继器（Repeater）。在计算机网络中，当网段超过最大距离时，就需要增设中继器，中继器对信号中继放大，扩展网段的距离，如图 2-1-15 所示。

图 2-1-14　网关

图 2-1-15　中继器

六、数据通信

计算机通信有两种：一种是数字通信；另一种是模拟通信。数字通信是指将数字数据通过数字信道传送；模拟通信是指将数字数据通过模拟信道传送。

1．信道

计算机网络中常用的传输介质有双绞线、同轴电缆、光缆和无线电波等。

2．数字信号和模拟信号

信号是数据的表现形式。信号分为数字信号和模拟信号两类。数字信号是一种离散的脉冲序列，常用一个脉冲表示一位二进制数。模拟信号是一种连续变化的信号，声音就是一种典型的模拟信号。目前，计算机内部处理的信号都是数字信号。

3．调制与解调

在发送端，将数字脉冲信号转换成能在模拟信道上传输的模拟信号，此过程称为调制；在接收端，再将模拟信号转换还原成数字脉冲信号，这个反过程称为解调。

4．带宽与数据传输速率

在模拟信道中，以带宽表示信道传输信息的能力。它用传送信息信号的高频率与低频率之差表示，以 Hz、kHz、MHz 和 GHz 为单位。

在数字信道中，以数据传输速率（比特率）表示信道的传输能力，即每秒传输的二进制位数（bit/s），单位为 bit/s、kbit/s、Mbit/s 和 Gbit/s。带宽与数据传输速率是通信系统的主要技术指标之一。

5．误码率

误码率是指在信息传输过程中的出错率，是通信系统的可靠性指标。在计算机网络系统中，一般要求误码率低于 10^{-6}，即百万分之一。

6．计算机通信的质量

计算机通信的质量有两个最重要的指标：一个是数据传输速率；另一个是误码率。

七、传输介质

1．定义

将网络上各个结点连接起来的物理线路，是信息从一个结点传输到另一个结点的物理通路。

2．传输介质的分类

传输介质的分为有线（传输）介质和无线（传输）介质。其中，有线（传输）介质沿着一个固体介质传播，如双绞线、同轴电缆、光纤。无线（传输）介质则通过大气层传播，如微波、扩频无线电、红外线和激光。无线介质及相关传输技术是目前网络的重要发展方向之一。

（1）双绞线。双绞线也称网线，由两根按一定规则以螺旋形扭合在一起的绝缘铜导线组成，如图 2-1-16 所示。双绞线电缆是在多条双绞线外包上护套。双绞线分为屏蔽双绞线和无屏蔽双绞线。其中，屏蔽双绞线抗干扰性能好、价格高；无屏蔽双绞线在局域网中，分为若干类线。双绞线传输模拟信号和数字信号的传输速率为 10Mbit/s～1000Mbit/s，最大直接传输距离为 100m。

（2）同轴电缆。同轴电缆的中心是铜质的芯线，铜质的芯线外着着一层绝缘层，绝缘层外有一层网状编织的金属丝作为外导体屏蔽层，屏蔽层将电线很好地包起来，再往外就是外包皮的保护塑料外层了，如图 2-1-17 所示。

同轴电缆按直径不同分为粗缆和细缆两种类型。粗缆传输距离长、性能好，成本相对较高；细缆传输距离短、性能一般，成本相对便宜。

（3）光纤。光纤即光导纤维，是一种传播光脉冲的传输介质，如图 2-1-18 所示。光纤主要分为单模光纤和多模光纤两类。单模光纤以激光器为光源，芯线较细，仅有一条光通路，信息容量大，传输距离长，成本较高；多模光纤以发光二极管为光源，芯线较粗，传输速度低，距离短，成本较低。

图 2-1-16　双绞线

金属屏蔽
外绝缘层
内层导线
绝缘体

图 2-1-17　同轴电缆

2-1-18 光纤

（4）微波。微波是无线电通信载体，其频率为 1～10GHz。微波的传输距离在 50 km 左右，容量大，传输质量高，建筑费用低，适宜在网络布线困难的城市中使用。

（5）扩频无线电。扩频无线电即采用不需要许可证的 900MHz 或 2.40GHz 的民用无线频段作为传输信道，通过先进的直接序列扩频或跳频扩频技术发射信号；传输速率高、发射功率小、抗干扰能力强、保密性好，多用于无线局域网，如蓝牙技术等。

（6）红外线和激光。两者都有很强的方向性，沿直线传播，需要在发送方和接收方之间有一条视线通路。

八、网络体系结构和网络协议

1．计算机网络体系结构的基本概念

计算机网络的各层以及其协议的结合称为网络的体系结构。世界上第一个网络体系结构是美国 IBM 公司于 1974 年提出的，它取名为系统网络体系结构（System Network Architecture, SNA）。

2．ISO/OSI 开放系统互联参考模型

ISO 制定了网络通信的标准，即开发系统互联参考模型（Open System Interconnection, OSI）。它将网络通信分为 7 层，"开放"的意思是通信双方必须都要遵守 OSI 模型。开放系统互联参考模型（OSI）采用分层的结构化技术。

这 7 层从低到高为物理层、数据链路层、网络层、传输层、会话层、表示层、应用层。OSI 参考模型的每一层都定义了所实现的功能，完成某特定的通信任务，并只与相邻的上层和下层进行数据的交换，如图 2-1-19 所示。

图 2-1-19　OSI/RM 模型

3．TCP/IP 网络协议

TCP/IP 是 "transmission Control Protocol/Internet Protocol" 的简写，中文译名为传输控制协议/互联网络协议。TCP/IP 是一种网络通信协议，它规范了网络上的所有通信设备，尤其是一个主机与另一个主机之间的数据往来格式以及传送方式。TCP/IP 体系结构采用了 4 个层次，分别为网络接口层、网间网层、传输层、应用层。与 OSI 参考模型的层次对应关系如图 2-1-20 所示。

图 2-1-20　OSI/RM 体系结构与 TCP/IP 体系结构的对比

任务二　Internet 技术及应用

一、Internet 概述

1. Internet 的发展

Internet 起源于一个名叫 ARPANET 的广域网。该网是 1969 年由美国国防部高级研究计划署（Advanced Research Project Agency，ARPA）创办的一个实验性网络。后来不断有新团体的网络加入，该网变得越来越大，功能也逐步完善起来，1983 年正式命名为 Internet，我国将其翻译为"因特网"，并于 1994 年 4 月，正式加入 Internet。目前，我国已经建立了 5 大 Internet 主干网：中国科技网（CSTNET）、中国教育科研网（CERNET）、中国公用计算机网（CHINANET）、中国金桥信息网（CHINAGBN）、中国联通网（UNINET）。

2. Internet 的概念

Internet（互联网，又称因特网）是一种计算机网络的集合，以 TCP/IP 协议进行数据通信，把世界各地的计算机网络连接在一起，进行信息交换和资源共享。

二、Internet 提供的服务

Internet 能提供丰富的服务，主要包括以下几项。

（1）电子邮件（E-mail）。电子邮件是因特网的一个基本服务，是因特网上使用最频繁的一种功能。

（2）文件传输（Flie Transfer Protocol，FTP）。为因特网用户提供在网上传输各种类型的文件的功能。FTP 服务分为普通 FTP 服务和匿名 FTP 服务两种。

（3）远程登录（Telnet）。远程登录是一台主机的因特网用户使用另一台主机的登录账号和口令与该主机实现连接，作为它的一个远程终端使用该主机的资源的服务。

（4）万维网（WWW）交互式信息浏览。WWW 是"World Wide Web"的缩写，是因特网的多媒体信息查询工具，是因特网上发展最快和使用最广的服务。它使用超文本和链接技术，使用户能简单地浏览或查阅各自所需的信息。

三、Internet 的地址

1. IP 地址

Internet 中的所有计算机均称为主机，每台主机必须有一个标识，那就是 IP 地址。IP 地址由网络号和主机号组成，其中网络号用于识别网络，主机号用于识别该网络中的主机。

IP 地址共有 32 位地址，一般以 4 个字节表示，每个字节的数又用十进制表示，即每个字节的数的范围是 0～255，且每个数之间用"."隔开。例如，166.111.68.10 就是一个 IP 地址，其中 166.111 表示清华大学，68 表示计算机系，10 表示主机。

IP 地址共分为 5 类，即 A 类地址、B 类地址、C 类地址、D 类地址和 E 类地址，如图 2-2-1 所示。

（1）A 类地址。在 IP 地址的 4 段号码中，第 1 段号码为网络号码，剩下的 3 段号码为本地计算机的号码，网络地址的最高位必须是"0"。A 类 IP 地址中网络标识的长度为 7 位，主机标识的长度为 24 位。A 类网络地址数量较少，可以用于主机数达 1 600 多万台的大型网络。

图 2-2-1　IP 地址的种类

（2）B 类地址。在 IP 地址的 4 段号码中，前两段号码为网络号码，剩下的两段号码为本地计算机的号码，网络地址的最高位必须是"10"。B 类 IP 地址中网络的标识长度为 14 位，主机标识的长度为 16 位。B 类网络地址适用于中等规模网络，每个网络所能容纳的计算机数为 6 万多台。

（3）C 类地址。在 IP 地址的 4 段号码中，前 3 段号码为网络号码，剩下的第 4 段号码为本地计算机的号码，网络地址的最高位必须是"110"。C 类 IP 地址中网络的标识长度为 21 位，主机标识的长度为 8 位。C 类网络地址数量较多，适用于小规模的局域网络，每个网络最多只能包含 254 台计算机。

（4）D 类地址。D 类地址用于在 IP 网络中的组播，一个组播地址是一个唯一的网络地址。它指导报文到达预定义的 IP 地址组，通常留作特殊用途。

（5）E 类地址。E 类地址的前 4 位恒为 1，因此有效的地址范围从 240.0.0.0 至 255.255.255.255。E 类地址虽被定义，但却被保留做研究之用。

2．特殊 IP 地址

（1）回送地址。A 类网络地址 127.0.0.0 是一个保留地址，用于网络软件测试以及本地机器进程间通信，这个 IP 地址称为回送地址（Loopback Address）。

（2）私有地址。私有地址被大量用于企业内部网络中而不能在 Internet 上使用。私有地址段如下。

10.0.0.0～10.255.255.255	1 个 A 类地址
172.16.0.0～172.31.255.255	16 个连续的 B 类地址
192.168.0.0～192.168.255.255	256 个连续的 C 类地址

3．域名与域名系统

（1）域名与域名系统的概念。由于 IP 地址使用数字来表示，这种地址不便于记忆，人们更习惯记忆有意义的字符。1983 年，Internet 采用了层次树状结构的域名系统 DNS（Domain Name System）。采用这种命名方法，任何一个连接在 Internet 上的主机或路由器，都可以有一个层次结构的名字即域名（Domain Name）。

（2）域名的组成。域名的实质就是用一组具有记忆功能的英文简写名代替 IP 地址。为了避免重名，主机的域名采用层次结构，域名分为顶层（top-level）、第二层（second-level）、子域（sub-domain）等。各层次的子域名之间用圆点"."隔开，从右到左分别为第一级域名、第二级域名直至主机名，其结构如下。

主机名…….第二级域名. 第一级域名

（3）域名的使用规则。

① 只能以字母字符开头，以字母字符或数字符结尾，其他位置可用字符、数字、连字符或下划线。

② 域名中大、小写字母视为相同。

③ 各子域之间以圆点隔开。

④ 域名中最左边的子域名通常代表机器所在单位名，中间各子域名代表相应层次的域名，第一级域名是标准化了的代码。常用的一级子域名标准代码如表 2-2-1 所示。

⑤ 整个域名的长度不得超过 255 个字符。

表 2-2-1　常用的一级子域名的标准代码

域名代码	意　义
COM	商业组织
EDU	教育机构
GOV	政府机构
MIL	军事部门
NET	主要网络支持中心
ORG	其他组织
INT	国际组织

四、连接到 Internet

所谓的连接到 Internet，就是将自己的计算机与 Internet 上的某台服务器或网络建立连接，并需要向 Internet 服务供应商（Internet Service Provider，ISP）提出申请，办理相关的接入手续。一般将计算机连入 Internet 有 2 种方式，即专线连接和拨号入网。

1．专线连接

通过专用线路将局域网接入 Internet，局域网的计算机用户可以通过此专线进入 Internet，这种方式的上网速度比较快。专线连接分为以下几种。

① ISDN 专线接入。

② ADSL（网络快车）专线接入。

③ DDN 专线接入。

④ 光纤接入。

2．拨号上网

一般单用户通过电话线上网，这种上网方式比较简单，但速度较慢。一般通过拨号接入 Internet，第一件事就是向某个 ISP 申请一个合法的 Internet 账号。ISP 是 Internet 服务提供商的简称。它是用户接入 Internet 的入口点。只有成功申请到 Internet 账号后，才能与 ISP 建立连接，然后由 ISP 动态分配一个 IP 地址，使用户的计算机成为 Internet 中的一员。

任务三　万维网及浏览器的应用

一、WWW 工作方式

WWW（World Wide Web）：万维网、环球网或 Web 网、3W 网，最初是由欧洲核物理研究中心（CERN）提出，是因特网上最广泛使用的一种服务。WWW（万维网）系统的结构采用了客户机/服务器模式，包括浏览器、Web 服务器和超文本传输协议。

信息资源以主页的形式存储在 Web 服务器中，用户通过 WWW 客户端程序（浏览器）向 Web 服务器发出请求；Web 服务器根据客户端请求的内容，将保存在 Web 服务器的内容发给客户端；浏览器在接收到该页面后对其进行解释，并最终将该页面显示给用户，通过页面中的超链接方便地访问位于其他 Web 服务器中的页面，或是其他类型的网络信息资源。

1．网页（Web page）

用超文本标记语言 HTML 编写的超文本文件，包含文字、图形、图像、声音、动画等多媒体信息，以及指向其他网页的链接，其文件后缀为 html 或 htm。

2．主页（homepage）

主页是指个人或机构的基本信息页面，是用户访问网站入口的文件，用户通过首页访问有关的信息资源。首页一般包含文本、图像、表、超链接等基本元素。

3．超文本与超链接

超文本（Hypertext）是一种非线性的、采用网状结构的文档，除了顺序阅读外，还可以通过超链接从当前位置跳转到本文档的其他位置或其他文档进行阅读。超链接（Hyper Link）是超文本中指向另一个目的地的链接信息。

4．统一资源定位器 URL

在 Internet 网络中，每一信息资源都有统一且唯一的地址，该地址称为统一资源定位器 URL（Uniform Resource Locator）。

URL 的格式为：协议名称：//服务器：端口/文件路径/文件名

例如：ftp://ftp.bsvti.cn/pub/readme.text

5．www 浏览器

WWW 的客户程序在 Internet 上被称为 WWW 浏览器，是用来浏览 Internet 上资源的软件。WWW 浏览器是采用 HTTP 通信协议与 WWW 服务器相连的，WWW 浏览器按照 HTTP 协议从服务器上取回主页，然后按照 HTML 格式阅读主页。目前，最常用的 Web 浏览器是 Microsoft 公司的 Internet Explorer 和 Netscape 公司的 Navigator。

二、IE 浏览器

IE 浏览器是 Microsoft 公司的一款浏览器，比较常用，是一个把在互联网上找到的文本文档（和其他类型的文件）翻译成网页的工具。网页可以包含图形、音频和视频，还有文本。由此可见，浏览器的主要作用是接受客户的请求并进行相应的操作，以跳转到相应的网站获取网页并显示出来。其实，浏览器就是一个应用软件，就像一个字处理程序一样（如 Microsoft Word）。同时，浏览器有很多种类，我们以 Microsoft 公司的 Internet Explorer 8.0（简称为 IE 8.0 浏览器）为例来介绍。

浏览网页

1．启动 IE 浏览器

方法 1：单击"快速启动工具栏"中的 IE 图标 。

方法 2：双击桌面上的 IE 快捷方式 。

方法 3：选择【开始】|【所有程序】|【Internet Explorer】命令，即可启动 IE 浏览器，如图 2-3-1 所示。

2．认识 IE 浏览器窗口

打开 IE 浏览器运行窗口，运行窗口大体上可以分为标题栏、菜单栏、地址栏、工具栏、主窗口和状态栏几部分，如图 2-3-2 所示。

工具栏上一些按钮的功能如下。

（1）后退：返回上次访问过的 Web 页。

（2）前进：返回到单击【后退】按钮前访问的 Web 页。

（3）停止：停止当前的链接。

（4）刷新：重新传送当前页面的内容。

（5）历史：查看以前浏览过的网址。

图 2-3-1　IE 浏览器的启动方法 　　　　　　图 2-3-2　IE 窗口

3．利用 IE 浏览网页

（1）通过地址栏输入网址。在地址栏中输入需要浏览的网站的网址，输完后按下 "Enter" 键即可。

（2）通过链接栏浏览。单击地址栏右侧的下拉按钮 ，如图 2-3-3 所示，可以看到经常浏览的网站的地址，通过单击这些地址也可链接到相应的网站。

图 2-3-3　通过链接栏浏览网页

（3）通过历史记录栏浏览。单击工具栏上的【历史】按钮 ，在浏览器页面的左侧出现如图 2-3-4 所示的地址列表框，其中列出了曾经浏览过的网页地址，单击这些地址即可链接到相应的网站。

（4）通过网站页面的链接浏览。在一些网站中，也可以通过网站中的超链接链接到目标网站进行浏览。一般在鼠标指针碰到有超链接的项目时，超链接的文字等会有颜色的变化，如图 2-3-5 所示。

图 2-3-4　通过历史记录浏览网页

图 2-3-5　通过页面链接浏览网页

4．网页文件的保存

（1）网页文件已打开时。单击【文件】菜单中的【另存为】命令，弹出【另存为】对话框，如图 2-3-6 所示。选择要保存文件的盘符和文件夹，输入文件名，在【保存类型】框中，根据需要选择一种类型（如不需保存网页中的图片，请选择"网页，仅 html"以节省磁盘空间），单击【保存】按钮。

保存网页中的资料

（2）不打开网页的情况。在超链接上右击鼠标，选择【目标另存为】菜单项，其他操作与上同。

（3）图片的保存。打开包含图片的网页，在图片上右击鼠标，选择【图片另存为】命令，其他操作与保存文件相同。

图 2-3-6 【另存为】对话框

（4）复制网页中禁止复制的文字。人们在上网的时候看到喜欢的文字和图片就想复制下来保存到本地硬盘中慢慢欣赏，可是有些网站为了保护自己的内容就运用了一些技术手段让人们无法复制。在这些网页中，使用鼠标拖动的方法，不能选中文字，当然也就不能复制网页中的文字。解决方法是：在 IE 浏览器中，选择【工具】菜单中的【Internet 选项】命令，在弹出的【Internet 选项】对话框中选择【安全】选项卡，单击【自定义级别】按钮，弹出【安全设置】对话框，如图 2-3-7 所示，将所有脚本全部禁用，然后按"F5"键刷新网页，这时网页中那些无法选取的文字就可以选取了。

5．收藏网页

（1）方法 1：打开要收藏的网页，单击【收藏夹】|【添加到收藏夹】命令项，打开【添加到收藏夹】对话框，如图 2-3-8 所示。

图 2-3-7 【安全设置】对话框

给出网页标题，选择网址要放置的文件夹（默认为"本地收藏夹"文件夹），也可通过【新建文件夹】按钮在当前文件夹下新建一个文件夹，单击【确定】按钮。

（2）方法2：打开要收藏的网页，单击工具栏中的【收藏】按钮，将在IE的左部打开【收藏夹】窗口。拖动地址栏中网页地址前面的图标到【收藏夹】窗口的某一文件夹中。使用收藏夹中的网址，单击【收藏】菜单下的网址，则转向相应的Web页。

使用收藏夹

图2-3-8 【添加到收藏夹】对话框

6．整理收藏夹

单击【收藏夹】|【整理收藏夹】命令项，打开【整理收藏夹】对话框，如图2-3-9所示，对已经收藏的网页进行整理。

图2-3-9 【整理收藏夹】对话框

7．页面缩放

与更改字体大小不同，页面缩放将放大或缩小页面上的所有内容，包括文字和图像。缩放范围介于10%和1000%之间。通过菜单栏【查看】菜单打开下拉菜单，如图2-3-10所示。选择

【缩放】选项进行页面缩放的设置。

图 2-3-10　页面缩放

任务四　电子邮件的收发与管理

目前，人们传递信息的方式逐渐电子化了，越来越多地转向电子平台。要传送数据给好友，发送电子邮件是一个不错的选择。

一、电子邮件的概述

1．电子邮件的概念

电子邮件（E-mail）是因特网上使用最广泛的一种服务。电子邮件采用存储转发方式传递，根据电子邮件地址（E-mail Address）由网上多个主机合作实现存储转发，从发信源节点出发，经过路径上若干网络节点的存储和转发，最终使电子邮件送到目的信箱。电子邮件具有速度快、费用低等优点。

2．电子邮件地址的格式

电子邮件地址的格式是：＜用户标识＞@＜主机域名＞

它由收件人用户标识（如姓名或缩写）、字符"@"（读作"at"）和电子信箱所在计算机的域名 3 部分组成。地址中间不能有空格或逗号。例如，jscjxy@163.com 就是一个电子邮件地址。

3．电子邮件的构成

电子邮件都有两个基本部分：信头和信体。

（1）信头基本包括收件人、抄送、密件抄送、主题。

① 收件人：收件人的 E-mail 地址。

② 抄送：同时接到此信的其他人的 E-mail 地址，这些 E-mail 地址能被收到此信的所有人看到。

③ 密件抄送：同时接到此信的其他人的 E-mail 地址，收到此信的所有人看不到这些 E-mail 地址。

④ 主题：信件内容的概括描述。

（2）信体是正文内容，有时还可以包含附件。

二、收发邮件

1. 国内免费的电子信箱

网络上提供的邮箱通常分为两种：收费邮箱和免费邮箱。收费邮箱一般容量较大，可靠程度较高，但是要收取一定的费用。免费邮箱相对而言容量较小，服务也较少，但由于它的免费性，所以人们经常会申请免费邮箱。目前，许多网站都提供免费的邮件服务，用户可以在这些网站上申请免费的邮件服务，并通过这些网站收发自己的电子邮件。

常见的提供免费电子邮箱的网站有以下几个。

（1）首都在线：www.263.net。

（2）新浪网：www.sina.com.cn。

（3）163：www.163.net。

（4）网易：www.163.com。

（5）搜狐：www.sohu.com。

（6）中文雅虎：www.yahoo.com.cn。

2. 电子邮箱申请

要进行邮件的收发，必须获得自己的邮箱。申请一个免费邮箱的操作步骤如下。

申请电子邮箱

（1）进入提供免费邮箱的网站（以 www.163.com 为例），如图 2-4-1 所示。

（2）在主页上单击"注册免费邮箱"链接，进入邮箱网页，如图 2-4-2 所示。

（3）单击"注册新用户"链接，弹出"注册新用户"网页，在协议下选择"我同意"，单击【下一步】按钮。

（4）输入用户资料后单击【提交】按钮（带"*"的是必填项目），系统会检查是否有重名的用户，如有，则另取一个用户名，再单击【提交】按钮。申请成功后系统会提示你，然后用刚才申请的帐号和密码登陆邮箱就可以收发邮件了。

图 2-4-1　网易首页

图 2-4-2　网易免费邮箱申请页面

3．以 Web 方式发送电子邮件

（1）登录 www.163.com 网易主页，输入用户名和密码进入邮箱。

（2）单击【写信】按钮，打开编辑邮件页面，如图 2-4-3 所示。

图 2-4-3　邮件编辑页面

（3）填写收件人地址信息、编辑邮件内容。在"收件人"处填写上收件人的邮箱地址，"主题"和"内容"直接输入即可；如果想发送文字以外的其他信息，如写好的结论，则可单击【添加附件】按钮，将其他信息作为附件发送，如图 2-4-4 所示。

（4）写好邮件内容后，单击【发送】按钮，显示邮件发送成功，如图 2-4-5 所示。

图 2-4-4　发送邮件示例

图 2-4-5　邮件发送成功页面

4．接收邮件

（1）登录网易 163 免费邮箱网站，输入用户名和密码进入邮箱。

（2）单击文件夹列表中的"收件箱"，打开收件箱，查看已经接收到的信件，如图 2-4-6 所示。

（3）收件箱以列表的形式按时间顺序显示接收到的信件，列出了每封邮件的发送信息。

（4）单击邮件标题，打开邮件，如图 2-4-7 所示。

图 2-4-6　收件箱中的邮件页面

图 2-4-7　阅读邮件页面

三、Outlook Express 的使用

Microsoft Outlook Express 不是电子邮箱的提供者，它是 Windows 操作系统的一个收、发、写、管理电子邮件的自带软件，简称 OE，即收、发、写、管理电子邮件的工具，使用它收发电子邮件十分方便。用它来收发邮件也是一级 B 等级考试的必考内容。

使用 Outlook
收发电子邮件

Outlook Express 建立在开放的 Internet 标准基础之上，适用于任何 Internet 标准系统。它提供对电子邮件、新闻和目录标准的完全支持，它还能够从多个电子邮件账户接收邮件，并能够创建收件箱规则，从而帮助用户管理和组织自己的电子邮件。

通常，我们在某个网站注册了自己的电子邮箱后，要收发电子邮件，须登入该网站，进入电子邮件网页，输入账户名和密码，然后进行电子邮件的收、发、写操作。使用 Outlook Express 后，这些顺序便一步跳过。只要用户打开 Outlook Express 界面，Outlook Express 程序便自动与用户注册的网站电子邮箱服务器联机工作，收下用户的电子邮件。发信时，可以使用 Outlook Express 创建新邮件，通过网站服务器联机发送。所有电子邮件可以脱机阅览，Outlook Express 在接收电子邮件时，会自动把发信人的电子邮件地址存入"通讯簿"，供用户以后调用。当单击网页中的【创建邮件】按钮时，会自动弹出写邮件界面，该新邮件已自动设置好了对方（收信人）的电子邮件地址和本用户的电子邮件地址，用户只要写上内容，单击【发送】即可。

1．邮件账户的创建

在 Outlook Express 中创建邮件账户的具体步骤如下。

（1）启动 Outlook Express，打开【Outlook Express】窗口，如图 2-4-8 所示。

图 2-4-8 【Outlook Express】窗口

（2）单击"Outlook Express"的【工具】菜单|【账户】命令，打开【Internet 账户】对话框，单击【邮件】标签，打开【邮件】选项框，如图 2-4-9 所示。

（3）单击【添加】按钮，打开【Internet 连接向导】对话框，如图 2-4-10 所示，分别填入由 ISP 提供的接收邮件服务器 POP3 和发送邮件服务器域名。

图 2-4-9 【Internet 账户】对话框

图 2-4-10 【Internet 连接向导】对话框

（4）单击【下一步】按钮，打开【属性】窗口，填入电子邮件地址，填入账号名（即电子邮件字符@前的用户标识）和打开信箱的密码等，如图 2-4-11 所示。

图 2-4-11 属性设置

（5）单击【确定】按钮返回【Internet 账户】对话框的【邮件】选项卡，再单击【关闭】按钮，简单设置完成。

2．撰写发送邮件

（1）启动 Outlook Express。

（2）单击工具栏中的【创建邮件】按钮，弹出现撰写新邮件的窗口。窗口上部分为信头，下部分为信体。将插入点移到信头的相应位置，并填写各项，如图 2-4-12 所示。

（3）单击【发送】按钮，即可发往收件人。

3．在电子邮件中插入附件

如果要通过发送电子邮件来发送计算机的其他文件，如 Word 文档、图片等，那么当撰写完简短的电子邮件后，可按下列操作插入指定的计算机文件。

（1）在【插入】菜单中单击【文件附件】命令，或直接单击工具栏上的【附件】按钮，打开【插入附件】对话框。

（2）在对话框中选定要插入的文件，然后单击【插入】按钮。

（3）在新撰写的邮件的"附件"框中就会列出所附加的文件名，如图 2-4-12 所示。

图 2-4-12　发送邮件

4．接收电子邮件

连接因特网，启动 Outlook Express，如果要查看是否有电子邮件，则选择【工具】菜单|【发送和接收】选项，如图 2-4-13 所示，或是单击工具栏上的【发送／接收】按钮。打开【邮件发送和接收】对话框。当下载完信件后，便可阅读。

图 2-4-13　【发送/接收】选项

5．阅读电子邮件

（1）单击 Outlook Express 窗口左部的邮件文件夹中的"收件箱" ，便弹出预览邮件窗口。该窗口左半部为"邮件文件夹"；右半部上边为"邮件列表区"，收到的所有信件都在此列出；右半部下边是"邮件预览区"。当在邮件列表区中选择一个邮件并单击后，该邮件内容便显示在邮件预览区中，如图 2-4-14 所示。

图 2-4-14　预览邮件窗口

（2）若要简单地预览某个邮件，单击列表区中的某个邮件即可。若要仔细阅读，尤其是打算复信时，则必须双击它，如图 2-4-15 所示，当阅读完一封邮件后，可直接单击窗口的【关闭】按钮，结束此邮件的阅读。

图 2-4-15　阅读电子邮件

6．保存附件

如果邮件中含有附件，则在邮件列表框中，该邮件的左端会显示一个回形针图标，如图 2-4-16 所示。单击邮件预览窗格左上角的【附件】按钮（标有回形针图标），打开附件下拉菜单，单击附件的文件名就可以阅读了。

如果要保存附件到另外的文件夹中，则可单击下拉菜单中的【保存附件…】命令，打开【保存附件】对话框，指定文件夹名，单击【保存】按钮，如图 2-4-17 所示。也可以在邮件阅读窗口中，用鼠标右键单击【附件】框中的附件名，使用快捷菜单中的【打开】命令来阅读。

图 2-4-16　含附件的邮件

图 2-4-17　保存附件

7. 复信与转发

（1）复信。在邮件列表区中选择要回复的邮件，单击工具栏的【答复】 或【全部回复】按钮。此时弹出复信窗口，这里的发件人和收件人的地址已由系统自动填好，原信件的内容也都显示出来了，如图 2-4-18 所示。

图 2-4-18　复信

（2）转发。选定要转发的邮件（按"Ctrl"键多选），单击工具栏中的【转发】按钮。填入收件人地址，多个地址之间用逗号隔开。必要时，在待发的邮件之下撰写附加信息。最后，单击【发送】按钮，完成转发，如图 2-4-19 所示。

图 2-4-19　转发邮件

8．保存邮件

选定需保存的邮件，选择【文件】菜单|【另存为】选项，打开【邮件另存为】对话框，保存邮件，如图 2-4-20 所示。

图 2-4-20　【邮件另存为】对话框

9．删除电子邮件

选定要删除的电子邮件之后，选择【编辑】菜单|【删除】选项，删除电子邮件。

被删除的邮件暂时移动到了"已删除邮件"文件夹中。如果要真正删除，需对"已删除邮件"文件夹中的邮件再执行一次删除操作。将"已删除邮件"文件夹中的邮件拖回到原文件夹，即可恢复所删除的邮件。

10．管理邮件文件夹

右击 Outlook Express 窗口左部的邮件文件夹中的"发件箱"，弹出快捷菜单，选择【新建文件夹】选项，打开【创建文件夹】对话框，选择位置创建新的文件夹，如图 2-4-21 所示。

为了更好地管理邮件文件夹，我们可以对用户文件夹进行重命名、删除、移动和复制等操作。

图 2-4-21　新建文件夹

习　题

一、选择题

1. 计算机网络是计算机技术与（　　　）相结合的产物。

    A. 各种协议　　　　B. 通信技术　　　　C. 电话　　　　　　D. 线路

2. 计算机网络建立的主要目的是实现计算机资源的共享，计算机资源主要是指计算机的（　　　）。

    A. 软件与数据库　　　　　　　　　B. 服务器、工作站与软件

    C. 硬件、软件与数据　　　　　　　D. 通信子网与资源子网

3. 下列有关计算机网络的叙述中错误的是（　　　）。

    A. 利用 Internet 网可以使用远程的超级计算中心的计算机资源

    B. 计算机网络是在通信协议控制下实现的计算机互联

    C. 建立计算机网络的最主要目的是实现资源共享

    D. 以接入的计算机的多少可以将网络划分为广域网、城域网和局域网

4. 将计算机网络划分为局域网（LAN）、城域网（MAN）、广域网（WAN）是按（　　　）划分的。

    A. 用途　　　　　B. 连接方式　　　　C. 使用范围　　　　D. 以上都不对

5. LAN 通常是指（　　　）。

    A. 广域网　　　　B. 局域网　　　　　C. 资源子网　　　　D. 城域网

6. 局域网常用的基本拓扑结构有（　　　）、环型和星型。

    A. 层次型　　　　B. 总线型　　　　　C. 交换型　　　　　D. 分组型

7. 以下不是网络拓扑结构的是（　　　）。

    A. 总线型　　　　B. 星型　　　　　　C. 开放型　　　　　D. 环型

8. 对于单个结点的故障不会影响到网络的其他部分，但中心结点的故障会导致整个网络瘫痪的网络拓扑结构是（　　　）。

    A. 总线拓扑结构　　　　　　　　　B. 星型拓扑结构

    C. 环型拓扑结构　　　　　　　　　D. 树形拓扑结构

9. 系统可靠性最高的网络拓扑结构是（   ）。

    A. 总线型   B. 网状型   C. 星型   D. 树型

10. 网络可以通过无线的方式进行联网，以下不属于无线传输介质的是（   ）。

    A. 微波   B. 无线电波   C. 光缆   D. 红外线

11. 网络的有线传输媒体包括双绞线、同轴电缆和（   ）。

    A. 铜电线   B. 通信卫星   C. 光缆   D. 微波

12. 一个办公室有多台计算机，每个计算机都配备有网卡，并已购买了一台网络集线器和一台打印机，一般通过（   ）组成局域网，使得这些计算机都可以共享这一台打印机。

    A. 光纤   B. 双绞线   C. 电话线   D. 无线

13. 典型的局域网硬件部分可以看成由以下5部分组成：网络服务器、工作站、传输介质、网络交换机（或集线器）与（   ）。

    A. 网卡   B. 路由器   C. IP 地址   D. TCP\IP 协议

14. Internet 主要由 4 部分组成，其中包括路由器、主机、信息资源与（   ）。

    A. 数据库   B. 管理员   C. 销售商   D. 通信线路

15. Internet 主要的互联设备是（   ）。

    A. 集线器   B. 路由器   C. 调制解调器   D. 以太网交换机

16. 支持局域网与广域网互联的设备称为（   ）。

    A. 转发器   B. 以太网交换机   C. 路由器   D. 网桥

17. 互联网最常见的形式是（   ）。

    A. 几个局域网直接连接起来   B. 几个城域网直接连接起来

    C. 几个城域网通过广域网连接起来   D. 几个局域网通过广域网连接起来

如下图所示：

18. 关于网络协议，下列选项中正确的是（   ）。

    A. 是网民们签订的合同

    B. 协议，简单地说就是为了网络信息传递，共同遵守的约定

    C. TCP/IP 协议只能用于 Internet，不能用于局域网

    D. 拨号网络对应的协议是 IPX/SPX

19. 网络通信是通过（   ）实现的，它们是通信双方必须遵守的约定。

    A. 网卡   B. 双绞线   C. 通信协议   D. 调制解调器

20. 关于网络协议，下列说法中正确的是（   ）。

    A. 协议的实现，保证能够为上一层提供服务

    B. 协议是控制对等实体之间的通信规则

    C. 协议的语言方面的规则定义了所交换的信息格式

    D. 以上都正确

21. 传输控制协议\网际协议即（   ），属于工业标准协议，是 Internet 采用的主要协议。

    A. Telnet   B. TCP\IP   C. HTTP   D. FTP

22. 提供不可靠传输的传输层协议是（　　　）。

    A. TCP　　　　　　　B. IP　　　　　　　C. UDP　　　　　　　D. PPP

23. ADSL 技术主要解决的问题是（　　　）。

    A. 宽带接入　　　　　　　　　　　　B. 多媒体综合网络

    C. 宽带交换　　　　　　　　　　　　D. 宽带传输

24. 通过电话线路在计算机之间建立的临时通信连接称为（　　　）。

    A. 拨号连接　　　　B. 专线连接　　　　C. 直接连接　　　　D. 间接连接

25. 为了以拨号的方式接入因特网，必须使用的设备是（　　　）。

    A. 电话机　　　　B. 网卡　　　　C. Modem　　　　D. 声卡

26. 接入因特网不会影响用户正常拨打和接听电话的途径主要是通过（　　　）。

    A. ADSL　　　　B. 局域网　　　　C. 拨号　　　　D. ADSL 和局域网

27. 拨号入网使用的 MODEM 一端连在计算机上，另一端应连在（　　　）。

    A. 打印机上　　　　B. 电话线上　　　　C. 数码相机上　　　　D. 扫描仪上

28. 通过局域网连接到 Internet，需要硬件（　　　）。

    A. MODEM　　　　　　　　　　　　B. 网络适配器（又称"网卡"）

    C. 电话　　　　　　　　　　　　　　D. 驱动程序

29. 给出如下选项：①网卡；②网线；③路由器；④Modem，通过局域网方式接入 Internet 必需的硬件有（　　　）。

    A. ①、③　　　　B. ②、③　　　　C. ③、④　　　　D. ①、②

30. 网络可以通过无线的方式进行联网，以下不属于无线传输介质的是（　　　）。

    A. 微波　　　　B. 无线电波　　　　C. 光缆　　　　D. 红外线

31. 数据通信中的信道传输速率单位用 bit/s 表示，bit/s 的含义是（　　　）。

    A. bytes per Second（每秒字节）

    B. baud per Second（每秒波特）

    C. bits per Second（每秒位或每秒比特）

    D. billion per Second（每秒百万）

32. 下列有关计算机网络的叙述错误的是（　　　）。

    A. 利用 Internet 网可以使用远程的超级计算中心的计算机资源

    B. 计算机网络是在通信协议控制下实现的计算机互联

    C. 建立计算机网络最主要的目的是实现资源共享

    D. 以接入的计算机的多少可以将网络划分为广域网、城域网和局域网

33. （　　　）被认为是 Internet 的前身。

    A. 万维网　　　　B. ARPANET　　　　C. HTTP　　　　D. APPLE

34. 下列说法中正确的是（　　　）。

    A. Internet 计算机必须是个人计算机

    B. Internet 计算机必须是工作站

    C. Internet 计算机必须使用 TCP/IP 协议

    D. Internet 计算机在相互通信时必须运行同样的操作系统

35. 下列有关 Internet 互联网的概念中，错误的是（　　　）。

    A. Internet 即国际互联网络　　　　　　B. Internet 具有子网和资源共享的特点

    C. Internet 在中国称为因特网　　　　　D. Internet 就是 www

36. 关于 Internet 的知识，下列说法中不正确的是（　　）。
    A. 可以进行网上购物　　　　　　　　　　B. 起源于美国军方的网络
    C. 可以实现资源共享　　　　　　　　　　D. 消除了安全隐患

37. 中国教育科研网的缩写为（　　）。
    A. ChinaNet　　　　B. CERNET　　　　C. CNNIC　　　　D. ChinaEDU

38. 当前，我国的（　　）主要以科研和教育为目的，从事非经营性的活动，其缩写是（　　）。
    A. 中国教育科研网，CERNET　　　　　B. 中国公用计算机网，ChinaNet
    C. 金桥信息网，GBNe　　　　　　　　D. 中科院网络，CSTNet

39. ISP 的中文名称为（　　）。
    A. Internet 软件提供者　　　　　　　　B. Internet 应用提供者
    C. Internet 服务提供者　　　　　　　　D. Internet 访问提供者

40. 网站向网民提供信息服务，网络运营商向用户提供接入服务，分别称它们为（　　）。
    A. ICP、ISP　　　B. ICP、IP　　　C. ISP、IP　　　D. UDP、TCP

41. 以下关于代理服务器的描述，不正确的是（　　）。
    A. 代理服务器处在客户机和服务器之间，既是客户机又是服务器
    B. 代理服务器不需要和 ISP 连接
    C. 代理服务器可以使公司内部网络与 ISP 实现连接
    D. 代理服务器可以起到防火墙的作用

42. IP 地址能唯一地确定 Internet 上每台计算机与每个用户的（　　）。
    A. 距离　　　　B. 费用　　　　C. 位置　　　　D. 时间

43. 目前使用的 IP 地址，总共有（　　）位（二进制）。
    A. 8　　　　B. 16　　　　C. 32　　　　D. 128

44. 当前，普遍使用的 Internet IP 版本是（　　），该版本的 IP 地址为 32 位。
    A. IPv6　　　B. IPv3　　　C. IPv4　　　D. IPv5

45. 下列 IP 地址中，非法的 IP 地址组是（　　）。
    A. 255.255.255.0 与 10.10.3.1　　　　B. 127.0.0.1 与 192.168.0.21
    C. 202.196.64.1 与 202.197.176.16　　D. 259.197.184.2 与 202.197.184.144

46. 合法的 IP 地址书写格式是（　　）。
    A. 202.196.256.50　　　　　　　　　B. 202、196、112、50
    C. 202，196，112，50　　　　　　　　D. 202.196.112.50

47. 在 Internet 中，主机的 IP 地址与域名的关系是（　　）。
    A. IP 地址是域名中部分信息的表示　　B. 域名是 IP 地址中部分信息的表示
    C. IP 地址和域名是等价的　　　　　　D. IP 地址和域名分别表达不同的含义

48. 下列 4 项中表示域名的是（　　）。
    A. 202.96.68.123　　B. hk@zzu.edu.cn　　C. zzu@163.com　　D. cctv.com

49. 用于解析域名的协议是（　　）。
    A. HTTP　　　B. DNS　　　C. FTP　　　D. SMTP

50. 应用层 DNS 协议主要用于实现哪种网络服务功能（　　）？
    A. 域名到 IP 地址的映射　　　　　　B. 网络硬件地址到 IP 地址的映射
    C. 进程地址到 IP 地址的映射　　　　D. 用户名到进程地址的映射

二、操作题

要给高中同学发送一封电子邮件，要求如下。

（1）在雅虎网（www.cnyahoo.org）和网易网（www.163.com）上分别注册申请一个用户名为 hb_liming 的电子邮箱。

（2）在 Outlook Express 中添加两个账户：显示名为"liming"，一个邮件地址为"hb_liming@yahoo.com.cn"、邮件接收（POP3）服务器为 pop.mail.yahoo.com、邮件发送（SMTP）服务器为 smtp.mail.yahoo.com、密码为"123456"；另一个邮件地址为"hb_liming@163.com"、邮件接收（POP3）服务器为 pop3.163.com、邮件发送（SMTP）服务器为 smtp.163.com、密码为"31415926"。

（3）利用邮箱 hb_liming@163.com 给故乡的高中同学群组发送邮件。设置主题为"聚会通知"，邮件内容为"大家好，定于正月初八中午 11 点在母校旁边的聚福楼酒店聚会。"，并将"母校"超链接到"http://www.jscjxy.cn"。

UNIT 3
单元三
Windows 7 操作系统

任务一　认识 Windows 7 界面

一、Windows 7 界面概述

1. 桌面

启动 Windows 7 以后，会出现画面，这就是通常所说的桌面。用户的工作都是在桌面上进行的。桌面上包括图标、任务栏、Windows 边栏等部分。

（1）桌面图标。桌面上的小图片称为图标，它可以代表一个程序、文件、文件夹或其他项目。Windows 7 的桌面上通常有【计算机】、【回收站】等图标和其他一些程序文件的快捷方式图标。

【计算机】表示当前计算机中的所有内容。双击这个图标可以快速查看硬盘、CD-ROM 驱动器以及映射网络驱动器的内容。

【回收站】中保存着用户从硬盘中删除的文件或文件夹。当用户误删除或再次需要这些文件时，还可以到【回收站】中将其取回。

（2）任务栏。任务栏是位于屏幕底部的一个水平的长条，由【开始】按钮、快速启动工具栏、任务按钮区、通知区域 4 个部分组成，如图 3-1-1 所示。

图 3-1-1　任务栏

【开始】按钮：用于打开【开始】菜单。

快速启动工具栏：单击其中的按钮即可启动程序。

任务按钮区：显示已打开的程序和文档窗口的缩略图，并且可以在它们之间进行快速切换。单击任务按钮可以快速地在这些程序中进行切换；也可在任务按钮上右击，通过弹出的快捷菜单对程序进行控制。

通知区域：包括时钟、输入法、音量以及一些告知特定程序和计算机设置状态的图标。

任务栏与桌面不同的是：桌面可以被窗口覆盖，而任务栏几乎始终可见。

① 通过任务栏查看窗口。当一次打开多个程序或文档时，它们所对应的窗口会堆叠在桌面上。这种情况下使用任务栏查看窗口就很方便了。每打开一个程序、文件或文件夹，Windows 都会在任务栏上创建与之对应的任务按钮，并且按钮上会显示该项目的图标和名称，单击不同的任务按钮，该任务所对应的窗口就会显示在所有窗口最上方。

② 调整与锁定任务栏。有时根据需要还可以调整任务栏中的快速启动栏、任务按钮区、通知栏的空间大小。调整任务栏的方法如下。

a. 默认情况下，任务栏是被锁定的，必须取消锁定才能对其进行调整。解锁任务栏的方法为：在任务栏空白处右击，从弹出的快捷菜单中单击已经被勾选的【锁定任务栏】选项，以便取消对其的选择，如图 3-1-2 所示。

图 3-1-2 【锁定任务栏】选项

b. 任务栏解锁后，会在任务栏上出现 3 个带小凸点的拖动条 ，将任务栏分成 4 份，即【开始】按钮、快速启动栏、中间的任务按钮区和通知区域。

c. 将鼠标指针置于某个拖动条上，鼠标指针变成 ⟷ 形状。

d. 这时按下鼠标左键，当鼠标指针变成 ✛ 状时，可左右拖动小条，分配任务栏 4 个组成部分的空间大小。将快速启动栏右侧的拖动条向右拖动后，增大了快速启动栏的空间，原来因空间不够而被隐藏的图标就会显现出来。

e. 调整好任务栏后，再次在任务栏空白处右击，从弹出的快捷菜单中单击【锁定任务栏】选项，将其勾选锁定任务栏，以免不小心改变了调整好的任务栏。

（3）Windows 边栏。Windows 边栏可以显示一些小工具，如便笺、股票、联系人、日历、时钟、天气、图片拼图板等，通过一些简单的操作便可以查询常用的信息。

2.【开始】菜单

【开始】菜单是电脑程序、文件夹和设置的主门户，使用【开始】菜单可以方便地启动应用程序、打开文件夹、访问 Internet 和收发邮件等，也可对系统进行各种设置和管理。【开始】菜单的组成如图 3-1-3 所示。

利用【开始】菜单启动程序

图 3-1-3 【开始】菜单

左窗格：用于显示计算机上已经安装的程序。

右窗格：提供了对常用文件夹、文件、设置和其他功能访问的链接，如图片、文档、音乐、控制面板等。

用户图标：代表当前登录系统的用户。单击该图标，将打开【用户账户】窗口，以便进行用户设置。

搜索框：输入搜索关键词，单击【搜索】按钮即可在系统中查找相应的程序或文件。

系统关闭工具：其中包括一组工具，可以注销 Windows、关闭或重新启动计算机，也可以锁定系统或切换用户，还可以使系统休眠或睡眠。

3．窗口

每次打开一个应用程序或文件、文件夹后，屏幕上出现的一个长方形的区域就是窗口。在运行某一程序或在这个过程中打开一个对象，会自动打开一个窗口。下面以【计算机】窗口为例，介绍一下窗口的组成，如图 3-1-4 所示。

打开窗口及窗口中的对象

窗口的各组成部分及其功能介绍如下。

图 3-1-4 【计算机】窗口

地址栏：在地址栏中可以看到当前打开窗口在计算机或网络上的位置。在地址栏中输入文件路径后，单击 ▸ 按钮，即可打开相应的文件。

搜索栏：在搜索栏中输入关键词，筛选出基于文件名和文件自身的文本、标记以及其他文件属性，可以在当前文件夹及其所有子文件夹中进行文件或文件夹的查找。搜索的结果将显示在文件列表中。

【前进】和【后退】按钮：使用【前进】和【后退】按钮导航到曾经打开的其他文件夹，而无须关闭当前窗口。这些按钮可与地址栏配合使用。例如，使用地址栏更改文件夹后，可以使用【后退】按钮返回到原来的文件夹。

菜单栏：显示应用程序的菜单选项。单击每个菜单选项可以打开相应的子菜单，从中可以选择需要的操作命令。

工具栏：提供一些工具按钮，可以直接单击这些按钮来完成相应的操作，以加快操作速度。

控制按钮：单击【最小化】按钮 ▭，可以使应用程序窗口缩小成屏幕下方任务栏上的一个按钮，单击此按钮可以恢复窗口的显示；单击【最大化】按钮 ▭，可以使窗口充满整个屏幕。当窗口为最大化窗口时，此按钮便变成【还原】按钮 ▭，单击此按钮可以使窗口恢复到原来的状态；单击按钮 ▭ 可以关闭应用程序窗口。

窗口边框：用于标识窗口的边界。用户可以用鼠标拖动窗口边框以调节窗口的大小。

导航窗格：用于显示所选对象中包含的可展开的文件夹列表，以及收藏夹链接和保存的搜索。通过导航窗格，可以直接导航到所需文件的文件夹。

滚动条：拖动滚动条可以显示隐藏在窗口中的内容。

详细信息面板：用于显示与所选对象关联的最常见的属性。

Windows 7 是一个多任务、多窗口的操作系统，可以在桌面上同时打开多个窗口，但同一时刻只能对其中的一个窗口进行操作。

（1）窗口的最大化。单击窗口右上角的【最大化】按钮或双击窗口的标题栏，可使窗口充满整个桌面。

（2）关闭窗口。单击窗口右上角的【关闭】按钮即可关闭当前窗口。关闭窗口后，该窗口将从桌面和任务栏中被删除。

（3）隐藏窗口。隐藏窗口也称为最小化窗口。单击窗口右上角的【最小化】按钮后，窗口会从桌面消失，但在任务栏处仍会显示该窗口的任务按钮，单击该按钮，即可将窗口还原。

（4）调整窗口大小。拖动窗口的边框可以改变窗口的大小，具体操作步骤如下。

① 将鼠标指针移动到要改变大小的窗口边框上（垂直边框、水平边框或一角），如移动到右侧边框上。

② 待指针形状变为双向箭头时按住鼠标左键不放，拖动边框到适当的位置后松开鼠标左键，此时窗口的大小已经被改变了。

（5）多窗口排列。如果在桌面上打开了多个程序或文档窗口，那么，前面打开的窗口将被后面打开的窗口所覆盖。在 Windows 7 操作系统中，提供了层叠显示窗口、堆叠显示窗口和并排显示窗口 3 种排列方式。

排列窗口的方法为：在任务栏的空白处右击，从弹出的快捷菜单中选择一种窗口的排列方式。例如，选择【并排显示窗口】命令，多个窗口将以并排显示窗口的方式显示在桌面上，如图 3-1-5 所示。

图 3-1-5　多个窗口并排显示

二、Windows 7 界面介绍

1．对话框

如果 Windows 在运行命令中需要更多信息，就会通过对话框提问。用户回答有关问题后，命令继续执行。与常规窗口不同的是，对话框不能改变形状大小，只可以移动。简单的对话框只有几个按钮，而复杂的对话框除了按钮之外，还包括下述的一项或多项。

（1）文本框。文本框是一个用来输入文字的矩形区域。

（2）列表框。列表框中会显示多个选项，用户可以从中选择一个或多个。被选中的选项会加亮显示或背景变暗。

（3）下拉列表框。下拉列表框是一种单行列表框，其右侧有一个下三角按钮 ，单击该按钮将打开下拉列表框，可以从中选择需要的选项。

（4）命令按钮。单击对话框中的命令按钮，将开始执行按钮上显示的命令。单击【确定】按钮，系统将接受输入或选择的信息并关闭对话框。

（5）单选按钮。单选按钮用圆圈表示，一般提供一组互斥的选项，其中只能有一项被选中。如果选择了另一个选项，原先的选择将被取消。被选中的选项用带点的圆圈表示，形状为"●"。

（6）选项卡。当对话框包含的内容很多时，常会采用选项卡，每个选项卡中都含有不同的设置选项。实际上，每个选项卡都可以看成一个独立的对话框，但一次只能显示一个选项卡，要在不同的选项卡之间切换时，只要单击选项卡上方的文字标签即可。

（7）复选框。复选框带有方框标识，一般提供一组相关选项，可以同时选中多个选项。被选中的选项的方框中出现一个"√"，形状为"☑"。

（8）数值微调框。数值微调框用于设置参数的大小，可以直接在其中输入数值，也可以单击微调框右边的微调按钮 来改变数值的大小。

（9）组合列表框。组合列表框好比是文本框和下拉列表框的组合，可以直接输入文字，也可以单击右侧的下三角按钮 打开下拉列表框，从中选择所需的选项。

2．菜单

菜单是一种形象化的称呼，它是一张命令列表，用户可以从菜单中选择所需的命令来指示程序执行相应的操作。

主菜单是程序窗口构成的一部分，一般位于程序窗口的地址栏下，几乎包含了该程序所有的操作命令。常见的主菜单包括【文件】、【编辑】、【查看】、【工具】、【帮助】等，单击这些菜单选项，将会弹出下拉菜单，从而可以选择相应的命令。例如，在计算机窗口中单击【查看】菜单选项，即可打开如图 3-1-6 所示的菜单。

下面，我们来认识【查看】菜单中各命令的含义。

勾选标记 ✓：如果某菜单命令前面有勾选标记，则表示该命令处于有效状态，单击此菜单命令将取消该勾选标记。

图 3-1-6 【查看】菜单

圆点标记 ●：表示该菜单命令处于有效状态，与勾选标记的作用基本相同。但圆点标记是一个单选标记，在一组菜单命令中只允许一个菜单命令被选中，而勾选标记无此限制。

省略号标记 …：选择此类菜单命令，将打开一个对话框。

向右箭头标记 ▶：选择此类菜单命令，将在右侧弹出一个子菜单。

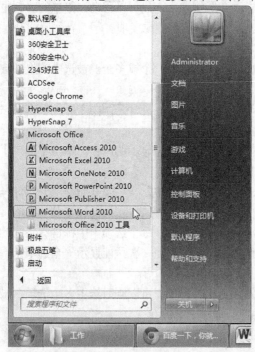

图 3-1-7 启动应用程序

字母标记：在菜单命令的后面有一个用圆括号括起来的字母，称为"热键"，打开了某个菜单后，可以从键盘输入该字母来选择对应的菜单命令。例如，打开【查看】菜单后，按下 "L" 键即可执行【列表】命令。

快捷键：位于某个菜单命令的后面，如 "Alt + →"。使用快捷键可以在不打开菜单的情况下，直接选择对应的菜单命令。

3．应用程序的启动方法

启动计算机应用程序的方法多种多样，下面介绍两种较为常用的方法。

（1）单击桌面左下角的【开始】按钮，打开【开始】菜单，单击【所有程序】按钮，在左窗格中显示系统安装的应用程序，单击应用程序所在的文件夹将其打开，然后选择要打开的应用程序，如图 3-1-7 所示。

（2）将鼠标指针移到桌面上要打开的应用程序图标上，双击即可打开该应用程序。

任务二　设置个性化 Windows 7 工作环境

一、Windows 7 个性化设置

1．桌面图标设置

为了增加使用的便利性，通常把一些常用的系统图标放在桌面上，操作步骤如下。

（1）在桌面上右击，从弹出的快捷菜单中选择【个性化】命令，打开【个性化】窗口。单击窗口左侧任务窗格中的 "更改桌面图标" 链接。

添加和更改桌面系统图标

（2）弹出【桌面图标设置】对话框，在【桌面图标】选项卡中的【桌面图标】功能区中选中要添加到桌面图标前面的复选框，然后单击【确定】按钮，如图 3-2-1 所示，所选图标就会被添加到桌面上了。

2．Windows 7 颜色外观设置

在 Windows 7 中，可以随心所欲地调整【开始】菜单、任务栏及窗口的颜色和外观，具体操作步骤如下。

（1）在桌面上右击，从弹出的快捷菜单中选择【个性化】命令，打开【个性化】窗口，单击 "窗口颜色" 链接。

（2）打开【更改窗口边框、「开始」菜单和任务栏的颜色】界面，在 Windows 7 颜色方案中单击喜欢的颜色，如单击橘黄色；选中【启用透明效果】复选框可以使窗口具有像玻璃一样的透明效果；拖动【颜色浓度】右侧的滑块可以调节所选颜色的浓度。在整个调整的过程中可以随时预览到调整效果，若满意，单击【确定】按钮保存设置即可，如图 3-2-2 所示。

3．更换桌布

Windows 7 桌面背景俗称桌布，大家可以根据自己的喜好更换更漂亮的桌布。

（1）在桌面上右击，从弹出的快捷菜单中选择【个性化】命令，打开【个性化】窗口，单击窗口中的【桌面背景】链接。

图 3-2-1 【桌面图标设置】对话框

（2）打开【选择桌面背景】界面，图片列表框中提供了多张图片可供选择。如果想选择计算机中的图片作为背景，可单击【浏览】按钮从计算机中选择图片，如图 3-2-3 所示。

（3）在弹出的【浏览文件夹】对话框中选择需要的文件夹，然后单击【确定】按钮，如图 3-2-4 所示。

（4）返回到【选择桌面背景】界面，单击【确定】按钮保存设置，如图 3-2-5 所示。这时，桌面背景已经更换成自己选择的图片了，如图 3-2-6 所示。

图 3-2-2　更改颜色的对话框

图 3-2-3 【选择桌面背景】界面 　　　　　　　　图 3-2-4 【浏览文件夹】对话框

图 3-2-5 【选择桌面背景】界面

图 3-2-6　更换后的桌面背景

4. 屏保设置

若屏幕长时间显示同一个画面，就会使屏幕受到损坏，从而缩短屏幕的使用寿命。如果设置了屏保功能，一段时间内不使用计算机就会自动启动屏幕保护程序，让屏幕上显示动画，以保护屏幕。

我们可以通过设置让屏保靓丽起来，具体操作步骤如下。

（1）在桌面上右击，从弹出的快捷菜单中选择【个性化】命令，打开【个性化】窗口，单击窗口下部的"屏幕保护程序"链接。

（2）弹出【屏幕保护设置】对话框，在【屏幕保护程序】下拉列表框中选择喜欢的屏保程序。

（3）选择好屏保程序后，可在对话框中的预览窗口中预览到屏保效果；然后在【等待】文本框中设置屏保等待时间；设置完毕后单击【确定】按钮即可。

二、Windows 7 工作环境设置

1. 创建桌面快捷方式

在 Windows 7 操作系统中，所有的文件、文件夹以及应用程序都由形象化的图标表示。在桌面上的图标被称为桌面图标，双击桌面图标可以快速打开相应的文件、文件夹或应用程序。

（1）方法 1：在 Windows 7 系统的在资源管理器中找到想要创建快捷方式的程序或文件，然后将其拖动到桌面上松开鼠标即可。

（2）方法 2：打开资源管理器，选中想要创建快捷方式的程序名或者文件名，然后右击鼠标选择【发送到】子菜单，然后选择【桌面快捷方式】选项即可。

（3）方法 3：同样打开资源管理器，然后选中想要创建快捷方式的程序名或文件名、文件夹名，在工具栏上单击"复制"，在桌面任意空白处单击鼠标右键，在弹出的快捷菜单中选择【粘贴】即可。

（4）方法 4：单击【开始】菜单中的程序，然后选择要创建快捷方式的程序，按住鼠标左键不放，将程序拖出到桌面上然后放开鼠标即可。

（5）方法 5：单击【开始】菜单 |【程序】，选中想要创建快捷方式的程序，将鼠标移动到程序上，然后按下鼠标左键不放，同时左手按住"Ctrl"键不放，将程序拖出到桌面上并放开鼠标，左手放开"Ctrl"键即可，这样既可以在桌面上创建快捷方式 ，还可以将程序命令保留在程序菜单中。

2. 桌面小工具

（1）添加。在 Windows 7 中启用桌面小工具的方法：在桌面空白处单击右键，在右键菜单中选择【小工具】，即可打开桌面小工具库，如图 3-2-7 所示。

在 Windows 7 小工具库中默认的小工具现有 CPU 仪表盘、WindowsMediaCenter、幻灯片放映、货币、日历、时钟、天气、图片拼图板、源标题等几种，可以满足一般用户的需求，如图 3-2-8 所示。

在 Windows 7 小工具库中，单击任一小工具，并单击"显示详细信息"，即可在下方看到该小工具的相关信息，如图 3-2-9 所示。

图 3-2-7　桌面右键菜单

图 3-2-8 桌面小工具库

图 3-2-9 小工具相关信息

图 3-2-10 小工具右键菜单

（2）小工具应用设置。在 Windows 7 中，在小工具上单击鼠标右键，可以在右键菜单中进行透明度、前端显示等设置，如图 3-2-10 所示。对于各种不同的小工具，还有更多特别的设置，如时钟可以选择时钟的样式、名称、时区或者是否显示秒针等。

3. 设置 Windows 7 用户账户

Windows 7 支持多用户管理，可以为每一个用户创建一个用户账户并为每个用户配置独立的用户文件，从而使得每个用户登录计算机时，都可以进行个性化的环境设置。

在控制面板中，单击"用户账户和家庭安全"，打开相应的窗口，用户可以实现用户账户、家长控制等管理功能。

在"用户账户"中，可以更改当前用户的密码和图片，也可以添加或删除用户账户。

任务三　管理 Windows 7 文件及文件夹

一、Windows 7 文件系统

新建文件
和文件夹

1．文件

文件是数据在磁盘上的组织形式，如一张表格、一封信、一个通知，还有声音、图像、视频等都可以是一个文件，它们最终都将以文件的形式存储在计算机的磁盘上。

（1）文件命名。文件名由主文件名和扩展名组成。

（2）命名规则。

主文件名的命名规则如下。

① 由字母、数字、特殊符号组成，但不得超过 256 个字符。

② 不能使用" "*/\<>|：？ "这 9 个字符。

③ 用户可以使用大小写形式命名文件和文件夹，Windows 将保留用户指定的大小写格式，但不能利用大小写来区别文件名。

④ 在同一个文件夹内的文件不可同名。

⑤ 在 Windows XP 中文版操作系统中，用户可以使用汉字来命名文件和文件夹。

扩展名的命名规则如下。

① 扩展名代表的是文件属性或文件的类型，一般与文件名之间用"."分隔，并用 3 个字符表示。

② 使用多个分隔符，也可以增加长度。例如，用户可以创建一个名为〉"L.P.FILE98"的文件或文件夹。

2．文件夹

文件夹是一个存储文件的有组织实体。文件夹内可存放文件，也可存放其他文件夹，形成一个文件夹树。文件夹中所包含的其他文件夹称为子文件夹。

二、Windows 7 文件及文件夹管理

1．新建文件/文件夹

计算机中有一部分文件是现有的，如 Windows 7 系统及其他应用程序中自带了许多文件或文件夹；另一部分文件或文件夹是用户根据需要建立起来的，如用画图工具画一张图画、用 Word 软件写一篇文章等。为了把文件归类放置，还可以新建一个文件夹，把同类型文件放在其中。在 Windows 7 中新建文件和文件夹的方法和在以前 Windows 版本中的方法差不多，都是在资源管理器中右击，然后从弹出的快捷菜单中选择相应的新建命令来创建文件和文件夹，其步骤如下。

（1）右击要建立文件夹的位置，在弹出的快捷菜单中依次选择【新建】|【文件夹】命令，如图 3-3-1 所示。该位置即新建了一个名为"新建文件夹"的文件夹，如图 3-3-2 所示。

（2）当新建文件夹名为高亮显示时，如图 3-3-2 所示，可直接在【文件夹名】文本框中为文件夹输入一个新的名称，输入完毕后，直接按"Enter"键完成操作，如图 3-3-3 所示。

2．选择文件/文件夹

选择单个文件/文件夹的方法很简单，即找到要选择的文件/文件夹所在的位置，单击要选择的文件/文件夹，这时被选中的文件/文件夹以浅蓝色背景显示；若要取消对文件/文件夹的选择状态，只需再次单击文件或文件夹以外的空白区域。

若需要选择多个文件/文件夹进行相同的操作，逐一选中文件/文件夹就太麻烦了。下面介绍几种较为简单的方法。

方法1：鼠标拖动法，操作步骤如下。

找到需要选择的文件/文件夹所在的位置，若要选择的文件或文件夹排列在一起（或呈矩形状），则按住鼠标左键不放，用鼠标指针拖出一个蓝色矩形框框住它们，如图 3-3-4 所示，松开鼠标左键，即可将多个文件/文件夹选中。

图 3-3-1　选择【新建】|【文件夹】命令

图 3-3-2　新建的文件夹

图 3-3-3 命名新建的文件夹

图 3-3-4 用鼠标选择文件及文件夹

方法 2：利用"Ctrl"键选择多个不连续的文件/文件夹，操作步骤如下。

找到需要选择的文件/文件夹所在的位置，按住"Ctrl"键不放，依次单击需要的文件/文件夹。选择完毕后释放"Ctrl"键，即可选择多个不连续的文件/文件夹（也可以选择相邻的文件/文件夹），如图 3-3-5 所示。

方法 3：利用"Shift"键选择多个连续的文件/文件夹，操作步骤如下。

找到需要选择的文件/文件夹所在的位置，单击要选中的第一个文件/文件夹，如图 3-3-6 所示。

按住"Shift"键不放，再单击要选择的最后一个文件/文件夹，其间的文件或文件夹将全部被选中，如图 3-3-7 所示。

方法 4：若要选择某文件夹窗口中的全部文件或文件夹，可依次选择菜单栏中的【编辑】|【全选】命令，或按下"Ctrl+A"组合键即可。

图 3-3-5　用"Ctrl"键配合鼠标选择文件及文件夹

图 3-3-6　配合"Shift"键选择文件及文件夹

图 3-3-7　配合"Shift"键选中的文件及文件夹

3．复制文件或文件夹

复制文件或文件夹是指在需要的位置创建它的一个备份，但并不改变原来位置上的文件或文件夹的内容。复制文件或文件夹的具体操作步骤如下。

（1）找到需要的文件或文件夹所在的位置，选择要复制的文件或文件夹（可以选择多个文件/文件夹），如图3-3-8所示。

图3-3-8　选中要复制的文件

（2）在选中文件或文件夹的情况下，单击工具栏上的【组织】按钮 组织▾ ，从弹出的下拉菜单中选择【复制】命令。

（3）在【资源管理器】的【导航】窗格中单击目标文件夹（如"文件备份"）。

（4）单击工具栏上的【组织】按钮 组织▾ ，从弹出的下拉菜单中选择【粘贴】命令，文件就可以被复制到目标位置，如图3-3-9所示。

图3-3-9　复制的文件

4．移动文件或文件夹

如果需要将某个文件或文件夹直接移动到另外一个文件夹中，则首先打开该文件或文件夹所在的文件夹窗口，然后再打开目标文件夹窗口，将两个窗口都置于桌面上，在第一个文件夹窗口（原位置）中选中要移动的文件或文件夹，并按住鼠标左键不放，将其拖动至第二个文件夹窗口（目标文件夹）中，松开鼠标左键，即可完成文件/文件夹的移动。

5．重命名文件或文件夹

找到需要的文件或文件夹所在的位置，选择要重命名的文件或文件夹，单击工具栏上的【组织】按钮 组织·，从弹出的下拉菜单中选择【重命名】命令，此时文件/文件夹名呈反白显示的可输入状态。在【文件名】文本框中输入新的名称，然后按下"Enter"键或在文件/文件夹名外的其他空白位置单击，即可完成重命名操作。

6．删除文件或文件夹

找到要删除的文件/文件夹所在的位置，选择要删除的文件或文件夹，单击工具栏上的【组织】按钮 组织·，从弹出的下拉菜单中选择【删除】命令，或直接按下"Delete"键，或右击该文件或文件夹并且从快捷菜单中选择【删除】命令，都会出现如图 3-3-10所示的【删除文件夹】对话框，在此对话框中单击【是】按钮，就可以将文件或文件夹删除了。

图 3-3-10 【删除文件夹】对话框

三、文件保护

1．文件保护

如果想对特殊文档进行保护以防止他人浏览，则首先打开该文件，然后执行【文件】|【另存为】命令，打开【另存为】对话框。单击工具右侧的下拉按钮，在弹出的下拉菜单中选择【安全措施选项】，如图 3-3-11 所示，打开【安全性】对话框，在【打开文件时的密码】文本框中输入打开文件时的密码，如图 3-3-12 所示。单击【确定】按钮会打开密码确认对话框，再次输入刚才的密码，确定后即可完成文件的密码保护。

图 3-3-11 在【另存为】对话框中的工具

已经加密的文件在下次打开时需要提供正确的密码，否则无法打开。

图 3-3-12 【安全性】对话框

2．文件加密工具——WinXFiles

如果在计算机上存储了一些私人信息，如朋友信件、个人资料、日记等，或在一台多人使用的计算机上存储了一些重要资料，为了使这些信息不泄露，可使用文件加密工具——WinXFiles来加密。

WinXFiles 可以对任何类型的文件进行加密，并且内置了一个图形浏览器，专门用来对加密后的图形文件进行浏览。WinXFiles 最大的特点是能对图形文件进行加密/解密、浏览、删除等，其功能强大而实用，是其他加密工具所不具备的。

（1）给文件加密。WinXFiles 5.0 版本安装后，界面如图 3-3-13 所示。

图 3-3-13　WinXFile 5.0 主界面

在界面的左上部是文件列表，右部分为工作区，加密解密工作就是在这里完成的。给文件加密的操作步骤如下。

① 切换到【加密/解密】选项卡，选中【加密】单选按钮，并在左上方文件路径列表框中选择文件类型和路径，如图 3-3-14 所示。

图 3-3-14　选择加密文件

② 单击【添加】按钮，将选中的文件添加到右边的工作区中。

③ 文件添加完毕后，单击【确定】按钮，此时会弹出如图 3-3-15 所示的【加密】对话框。

④ 输入文件密码（密码要求 10～56 个字符），确认密码后单击【OK】按钮，系统开始加密。加密完成后，文件夹如图 3-3-16 所示。

图 3-3-15　【加密】对话框

图 3-3-16　加密后的文件夹

在给重要文件加密时，要注意以下事项。

① 设置的密码不要使用电话号码、姓名等个人信息，最好是组合数字、字母、特殊字符等，如 12@ab，以加强保密性；另外，密码千万不能忘记，否则将永远无法阅读已加密的文件。

② 若对图形文件（jpg、bmp…）进行加密，加密后得到的文件扩展名就变成了 xfp；若对非图形文件进行加密，加密后的文件扩展名就会变成了 xfd，这样做大大方便了使用者的辨认和使用。

（2）给文件解密。给文件解密的窗口如图 3-3-17 所示，操作步骤如下。

① 切换到【加密/解密】选项卡，选中【解密】单选按钮。

② 在左上角的窗口中选择路径，在左下角的窗口中单击扩展名为 xfp 或 xfd 的文件。

③ 单击窗口中间的【添加】按钮（或者单击【全部添加】按钮）将其添加到工作区窗口中。

④ 单击【确定】按钮，弹出【解密】对话框，如图 3-3-18 所示。

图 3-3-17 解密文件   图 3-3-18 【密码】对话框

⑤ 输入密码后单击【OK】按钮开始解密，解密完成后，在文件夹中即可看到还原的文件。

（3）删除文件。选中【擦除】单选按钮，表示要对文件进行彻底删除的操作，即将选择的文件不可恢复地完全删除。它不同于 DOS 下的删除文件，也不同于资源管理器的彻底删除，因为这两种删除只是将文件名的第一个字母换掉，而被删除文件的内容还保留着，如果此时使用一些反删除工具软件，还能失而复得；而当使用了 WinXFiles 的"擦除"后，文件就永远不得恢复了。其删除原理是将文件内容全部覆盖掉，使它无法再恢复。所以使用此项功能时，要慎重，否则会造成重大损失。当然，这个功能也十分有用，对于一些保密性很强的文件，进行彻底删除是十分必要的。

操作步骤如下。

① 切换到【加密/解密】选项卡，单击【擦除】单选按钮，在左边窗口中选择要删除的文件。为了避免错误地删除有用的图片文件，最好选中【预览要加密的图片】复选框，这样，选择时就可以预览图片文件。

② 单击【添加】按钮，将文件添加到工作区窗口中。

③ 单击【确定】按钮，按照向导进行操作，即可将文件彻底删除，如图 3-3-19 所示。

图 3-3-19 擦除文件

④ 浏览文件。切换到【加密/解密】选项卡，选中【放映幻灯】单选按钮，在左边窗口中选择要浏览的图片文件，单击【添加】按钮，将文件添加到工作区窗口中，如图 3-3-20 所示。

图 3-3-20　放映幻灯

单击【确定】按钮，弹出【解密】窗口。输入正确的密码，单击【确定】按钮，加密图片文件就被全屏显示，可以方便地浏览图片文件了。

该项功能还能对成批加密图片文件进行浏览，用户不用分别对每个文件解密，只要它们的密码是一样的，只需输入一次密码，WinXFiles 将使用全屏把它们按顺序全部演示完毕，如果想停止浏览，只需单击屏幕或者按下键盘上的任何键即可。

在以上所有的操作中，如果系统繁忙时，红灯亮，绿灯灭，同时左边出现红色的进程条不停地闪烁，当系统一切就绪时，绿灯亮，红灯灭。

任务四　实现 Windows 7 磁盘管理

一、磁盘清理

打开【磁盘清理】对话框

（1）单击【开始】按钮，执行【程序】|【附件】|【系统工具】|【磁盘清理】命令，即可弹出【选择驱动器】对话框，在下拉列表中选择需要清理的驱动器，如（C:），如图 3-4-1 所示，单击【确定】按钮，打开如图 3-4-2 所示的【磁盘清理】对话框。

（2）单击【确定】按钮，打开【确认】对话框，单击【是】按钮即开始清理。

二、磁盘碎片整理

执行【程序】|【附件】|【系统工具】|【磁盘碎片整理】命令，即可进行磁盘碎片整理。

三、磁盘硬件管理

右击【计算机】，在弹出的快捷菜单中选择【管理】命令，进入【计算机管理】窗口，在左窗口中选中【设备管理器】，如图 3-4-3 所示。

图 3-4-1　选择清理的驱动器　　　　　　　　图 3-4-2　【磁盘清理】对话框

图 3-4-3　【设备管理器】窗口

任务五　Windows 7 网络配置方法

一、连接到宽带网络

（1）在【控制面板】中以"小图标"或"大图标"为查看方式：单击【网络和共享中心】按钮，打开【网络和共享中心】面板。在【网络和共享中心】可视化视图界面中，用户可以通过形象化的网络映射图了解网络状况，并进行各种网络设置。

（2）在【更改网络设置】下，单击"设置新的连接或网络"链接，在打开的对话框中选中【连接到 Internet】项。

（3）在【连接到 Internet】对话框中选中【宽带（PPPoE）（R）】项，并在随后弹出的对话框中输入 ISP 提供的用户名、密码以及自定义的连接名称等信息，单击【连接】按钮。

二、连接到无线网络

单击任务栏通知区域的网络图标，在弹出的【无线网络连接】面板中双击需要连接的网络，如果无线网络设有安全加密，则需要输入安全关键字即密码。

三、通过家庭组实现两台计算机的资源共享

使用任何版本的 Windows 7 都可以加入家庭组，但是只有在 Windows 7 家庭组高级版、专业版或旗舰版中才能创建家庭组。

（1）创建家庭组。首先，搭建局域网。分别设置两台计算机的 IP 地址为 192.168.1.2 和 192.168.1.3（私有地址），子网掩码均为 255.255.255.0。

然后，创建家庭组。在【网络和共享中心】的【查看活动网络】中，将当前网络位置修改为【家庭网络】，完成家庭组的创建。一个局域网只能有一个家庭组。

（2）加入家庭组。将另一台机器的网络位置设置为【家庭网络】后，则在其资源管理器界面的左侧导航窗格中显示【家庭组】结点，单击【立即加入】按钮，在弹出的对话框中输入创建家庭组时的密码，即可成功地加入家庭组。

（3）家庭组共享资源。设置好家庭组后，该组内的所有计算机就可以通过资源管理器中的【家庭组】结点实现软硬件资源的共享。

任务六 操作系统概述

一、常用操作系统

目前常用的操作系统有 DOS、Windows、UNIX、Linux 等，其中 Windows 系列是微软公司推出的基于图形用户界面的操作系统，是目前世界上应用最广泛的操作系统。

1. DOS

DOS（Disk Operating System）是 1981 年推出的应用于个人计算机的磁盘操作系统，全名为 MS-DOS。MS-DOS 是字符界面的操作系统，用户使用键盘命令控制计算机的使用。

2. Windows 操作系统

Windows 操作系统是 20 世纪 80 年代发展起来的图形界面操作系统，由美国微软公司（Microsoft）研制开发。1990 年推出了 Windows 3.0；1995 年推出了 Windows 95；2000 年推出了 Windows 2000；2001 年推出了 Windows XP；2007 年推出了 Windows Vista；2009 年推出了 Windows 7；2012 年正式推出了 Windows 8。

3. UNIX/Xenix 操作系统

UNIX 是 1969 年推出的一种多用户、多任务操作系统，具有简便性、通用性、可移植性和开放性等特点。1980 年，UNIX 操作系统被移植到 80286 微机上，称为 Xenix，其特点是短小精悍、运行速度快。

4. Linux 操作系统

Linux 是一套专门为个人计算机所设计的操作系统。Linux 操作系统具有开放性、多用户、多任务、良好的用户界面、设备的独立性、丰富的网络功能、可靠的系统安全和良好的可移植性等特点，并且可以自由传播，用户可以修改它的源代码。

二、操作系统的相关概念

1. 进程

进程是操作系统结构的基础，是一个正在执行的程序，是计算机中正在运行的程序实例。它是可以分配给处理器并由处理器执行的一个实体，由单一顺序的执行显示。一个当前状态和一组相关的系统资源所描述的活动单元，是操作系统中的一个核心概念。进程=程序+执行。

多道程序在执行时，需要共享系统资源，从而导致各程序在执行过程中出现相互制约的关系，程序的执行表现出间断性的特征。这些特征都是在程序的执行过程中发生的，是动态的过程，而传统的程序本身是一组指令的集合，是一个静态的概念，无法描述程序在内存中的执行情况，即我们无法从程序的字面上看出它何时执行、何时停顿，也无法看出它与其他执行程序的关系。因此，"程序"这个静态概念已不能如实反映程序并发执行过程的特征。为了深刻描述程序动态执行过程的性质，人们引入"进程"的概念。

"进程"的概念主要有两点。第一，进程是一个实体。每一个进程都有它自己的地址空间，一般情况下，包括文本区域（Text Region）、数据区域（Data Region）和堆栈（Stack Region）。文本区域存储处理器执行的代码；数据区域存储变量和进程执行期间使用的动态分配的内存；堆栈区域存储活动过程中调用的指令和本地变量。第二，进程是一个"执行中的程序"。程序是一个没有生命的实体，只有处理器赋予程序生命时，它才能成为一个活动的实体，我们称其为进程。

2. 线程

线程，有时被称为轻量级进程（Lightweight Process，LWP），是程序执行流的最小单元。一个标准的线程由线程 ID、当前指令指针（PC）、寄存器集合和堆栈组成。另外，线程是进程中的一个实体，是被系统独立调度和分派的基本单位，线程自己不拥有系统资源，只拥有一点在运行中必不可少的资源，但它可与同属一个进程的其他线程共享进程所拥有的全部资源。一个线程可以创建和撤销另一个线程，同一进程中的多个线程之间可以并发执行。由于线程之间的相互制约，致使线程在运行中呈现出间断性。线程也有就绪、阻塞和运行 3 种基本状态。每一个程序都至少有一个线程，若程序只有一个线程，那就是程序本身。

线程是程序中一个单一的顺序控制流程。在单个程序中同时运行多个线程完成不同的工作，称为多线程。

3. 内核态和用户态

特权态即内核态，拥有计算机中所有的软、硬件资源；普通态即用户态，其访问资源的数量和权限均受到限制。在 CPU 的设计中，用户态指非特权状态。在此状态下，执行的代码被硬件限定，不能进行某些操作，如写入其他进程的存储空间，以防止给操作系统带来安全隐患。在操作系统的设计中，用户态也类似，指非特权的执行状态。内核禁止此状态下的代码进行潜在危险的操作，如写入系统配置文件、杀掉其他用户的进程、重启系统等。

习　题

1. 操作系统的主要功能包括（　　）。
　　A. 运算器管理、存储管理、设备管理、处理器管理
　　B. 文件管理、处理器管理、设备管理、存储管理
　　C. 文件管理、设备管理、系统管理、存储管理

D. 处理器管理、设备管理、程序管理、存储管理

2. 一个应用程序的快捷方式被创建在桌面上，如果从桌面把这个快捷方式删除，则(　　)。

　　A. 该应用程序不会被删除

　　B. 该应用程序将被删除

　　C. 该应用程序可被删除，可以从"回收站"恢复过来

　　D. 系统将询问"是否将该应用程序删除？"

3. 使用快捷键进行中文输入方式间的切换用(　　)。

　　A. "Ctrl+Space"　　　　B. "Shift+Space"　　　　C. "Alt+Space"　　　　D. "Ctrl+Shift"

4. 在"资源管理器"中选择若干个文件后按"Ctrl+C"组合键，则这些文件将(　　)。

　　A. 被删除　　　　　　　　　　　　B. 被复制到当前位置

　　C. 被复制到剪贴板　　　　　　　　D. 被隐藏

5. 在"资源管理器"中，若不小心把一个文件拖到另一个文件夹中，为了取消这一操作，应当(　　)。

　　A. 立即关机

　　B. 右键单击没有图标的地方，并在快捷菜单中选择【撤销移动】

　　C. 关闭"资源管理器"窗口，然后重新打开

　　D. 右键单击文件图标，并在快捷菜单中选择【删除】

6. "资源管理器"的文件列表窗格中，每个文件名旁边都有一图标，标识文件的(　　)。

　　A. 属性　　　　　　　B. 信息　　　　　　　C. 类型　　　　　　　D. 结构

7. 使用鼠标将文件或文件夹从一个驱动器拖曳到另一个驱动器中的文件夹中，是进行(　　)操作。

　　A. 复制　　　　　　　B. 剪切　　　　　　　C. 删除　　　　　　　D. 重命名

8. 以下不能实现窗口间切换的是(　　)。

　　A. 单击任务栏上的窗口按钮　　　　B. 直接单击目标窗口

　　C. 使用"Alt+Tab"组合键　　　　　D. 使用"Ctrl+Esc"组合键

9. 关于对话框中的列表框，下列说法中正确的是(　　)。

　　A. 列表框内可以输入文字和符号

　　B. 列表框内列出可供选择的选项

　　C. 列表框内既可以输入文字也可以输入字符串

　　D. 列表框内只列出用户输入的文字

10. 应用程序窗口和文档窗口的区别在于(　　)。

　　A. 有没有系统菜单　　　　　　　　B. 有没有菜单栏

　　C. 有没有标题栏　　　　　　　　　D. 有没有最小按钮

11. 应用程序窗口被最小化后，该程序(　　)。

　　A. 在后台运行　　　　　　　　　　B. 被关闭暂停运行

　　C. 仅在任务栏上　　　　　　　　　D. 显示程序名，以便重新启动

12. 单击窗口控制菜单图标，将(　　)。

　　A. 打开控制菜单　　B. 关闭窗口　　　C. 使窗口最小化　　D. 使窗口最大化

13. 下面关于对话框的叙述中，正确的是(　　)。

　　A. 既不能移动，也不能改变大小　　B. 对话框与窗口一样也有菜单栏

　　C. 只能移动，但不难改变大小　　　D. 对话框可以缩小成图标

14. 下面关于磁盘扫描程序的叙述中，正确的是（　　　）。

　　A. 磁盘扫描程序可以修复软盘中或硬盘中被损坏的文件系统

　　B. 磁盘扫描程序可以修复软盘中或硬盘中被损坏的磁道

　　C. 磁盘扫描程序可以修复光盘中被损坏的文件系统

　　D. 磁盘扫描程序可以修复光盘中被损坏的磁道

15. 所谓"后台打印"是指（　　　）。

　　A. 计算机关机后打印机仍继续打印

　　B. 打印机在打印文档的同时，计算机可以做其他工作

　　C. 计算机关闭显示，让打印机在后面打印

　　D. 将文档以打印文件的文件名保存到磁盘上

16. 在打印机指示打印完文档时，若纸张用完，则（　　　）。

　　A. 计算机提示"缺纸"，装入纸后可继续打印

　　B. 计算机提示"缺纸"，并取消当前任务

　　C. 计算机会死机

　　D. 打印机会损坏

17. 显示快捷菜单的操作是（　　　）。

　　A. 单击鼠标右键　　B. 单击鼠标左键　　C. 双击鼠标右键　　D. 双击鼠标左键

18. 任务栏最右角显示的是（　　　）。

　　A.【开始】按钮　　B. 时间　　　　　　C. 输入法图标　　D. 快速启动栏

19. 全选某个文件夹中的所有文件的快捷键是（　　　）。

　　A."Ctrl+X"　　　B."Ctrl+V"　　　C."Ctrl+A"　　　D."Ctrl+C"

20. 借助（　　　）键可以在文件夹中选择多个不连续文件/文件夹。

　　A."Shift"　　　　B."Ctrl"　　　　C."Enter"　　　D."Alt"

21. 在进行文件移动的过程中，文件剪切的快捷键是（　　　）。

　　A."Ctrl+X"　　　B."Ctrl+V"　　　C."Ctrl+A"　　　D."Ctrl+C"

22. 在【控制面板】窗口中单击（　　　）可以进行软件的删除操作。

　　A.【程序和功能】图标　　　　　　　B.【管理工具】图标

　　C.【个性化】图标　　　　　　　　　D.【默认程序】图标

23. 按（　　　）键可以在不同的中/英文输入法中切换。

　　A."Ctrl+Shift"　　B."Ctrl+Alt"　　C."Ctrl+Space"　　D."Shift+ Space"

单元四
Word 2010 文字处理

任务一　多媒体制作大赛通知——格式设置与排版

小张最近接受了一项新任务，为多媒体课件制作大赛出一个通知。要求主题突出，布局美观，图文并茂，别具一格。通知格式如图 4-1-1 所示。海报是一种大众化的传媒工具，用来完成一定的宣传任务。海报设计要求一目了然、简洁明确、突出重点，使人在一定距离外能看清楚所要宣传的事物。在用 Word 制作海报时应多插入艺术字和图片，字体也要做相应的变动，并且颜色要鲜艳，达到图文并茂的效果。关键项目有醒目标记，用项目符号或编号进行设置。

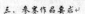

图 4-1-1　多媒体制作大赛海报通知

任务实现方法如下。

1．插入艺术字

启动 Word 一般有如下两种方法：

方法 1：选择【开始】|【程序】|【Microsoft Word 2010】命令。

图 4-1-2 【艺术字库】对话框

方法 2：双击桌面上的 Word 快捷方式图标。

（1）新建一个空白文档，单击【文件】|【新建】按钮，或者单击快速访问工具栏中的 "□" 按钮，新建一个名为 "文档 1" 的空白文档（启动 Word 后，默认新建一个名为 "文档 1" 的空白文档，这步可以省略）。

（2）单击【插入】选项卡【文本】功能区中的【艺术字】按钮，在其下拉菜单中选择一种样式，弹出【艺术字库】对话框，如图 4-1-2 所示。选中第 3 行第 5 列，然后单击【确定】按钮。

（3）弹出放置文字的文本框，在文本中输入文字 "多媒体课件制作大赛通知"，这时 "多媒体课件制作大赛通知" 字样的艺术字将出现在文档中，如图 4-1-3 所示。

图 4-1-3　输入 "多媒体课件制作大赛通知"

2．设置艺术字格式

为了使插入的艺术字与文档更协调、字体更美观，下面进行艺术字格式的设置。

（1）选中艺术字，切换到【绘图工具格式】选项卡，在【艺术字样式】功能区中单击【文本填充】按钮，将颜色设置为【红色】，如图 4-1-4 所示。

（2）在【绘图工具格式】选项卡中，单击【排列】功能区中的【位置】按钮，弹出【位置】下拉列表框，选择【其他布局选项】命令，弹出【布局】对话框，在【文字环绕】选项卡中选择【四周型】选项，单击【确定】按钮，如图 4-1-5 所示。

图 4-1-4　设置艺术字颜色

图 4-1-5　【文字环绕】选项卡

3. 设置文字及段落

（1）按照样文把文字输入到文档中，先选中"一、大赛宗旨"，单击【开始】选项卡【字体】功能区中的对话框启动器按钮 ，弹出【字体】对话框，如图 4-1-6 所示。在【字体】选项卡中，将【中文字体】改为【华文行楷】，【字号】改为【三号】，其他选项不变，单击【确定】按钮。

图 4-1-6　【字体】对话框

（2）再次选中"一、大赛宗旨"，在【开始】选项卡【剪贴板】功能区中双击【格式刷】按钮 ，然后再依次选中"二、参赛方法""三、参赛作品要求""四、评审标准""五、时间安排"，这样所有选中的文字的格式都跟上面的格式一致，然后再单击【格式刷】按钮。

（3）将第一段中的"为不断改进教学方法，提高教学质量"选中，然后单击【开始】选项卡【字体】功能区中的对话框启动器按钮 🔲 ，弹出【字体】对话框。选中【高级】选项卡，如图 4-1-7 所示，将【间距】由【标准】改为【加宽】，【磅值】改为【2 磅】，其他不变，然后单击【确定】按钮。

图 4-1-7　【字体】对话框

（4）将最后一段的日期选中，在【开始】选项卡的【字体】功能区中将字体改为【楷体】，字号改为【小四】，如图 4-1-8 所示。将第一段中的除"不断改进教学方法，提高教学质量"文字外，其余全部选中，字体改为【华文楷体】，字号改为【小四】，将第四部分选中，字体改为【仿宋】，字号改为【小四】，字形为【加粗】。

（5）将第一段中的内容都选中，单击【字体】功能区中的 **A·** 按钮，出现【颜色】选项。如图 4-1-9 所示，选中红颜色，再将第二段中的"说明的书面文档"选中，同时添加红颜色。

图 4-1-8　【字体】功能区

图 4-1-9　【颜色】选项

（6）将第一段中"为不断改进教学方法，提高教学质量"和最后一段的日期选中。然后单击【字体】功能区中的 **U·** 按钮，在弹出的【下划线】列表框中选择【波浪线】选项，如图 4-1-10 所示。

图 4-1-10 【下划线】列表框   图 4-1-11 【段落】对话框

（7）先将所有文字全部选中（使用 "Ctrl+A" 组合键），单击【开始】选项卡【段落】功能区中的对话框启动器按钮，打开【段落】对话框，如图 4-1-11 所示。将【行距】改为【1.5 倍行距】，然后单击【确定】按钮。

（8）将第二段中的内容都选中，单击【页面布局】选项卡【页面设置】功能区中的【分栏】按钮，打开【分栏】下拉列表框，选择【更多分栏】，打开【分栏】对话框如图 4-1-12 所示。在【预设】中选中【两栏】，选中【分隔线】，然后单击【确定】按钮。

图 4-1-12 【分栏】对话框

（9）将第二段的第一个字选中(或选中第二段或将光标置于第二段中)，然后单击【插入】选项卡【文本】功能区中的【首字下沉】按钮，打开【首字下沉】下拉列表框，选择【首字下沉选项】，出现【首字下沉】对话框，如图 4-1-13 所示。【位置】选择【下沉】,【字体】选择【华文彩云】,【下沉行数】选择 2，然后单击【确定】按钮。

（10）将第 4 部分的内容选中，单击【开始】选项卡【段落】功能区【项目符号】右边的 "▼" 按钮，弹出【项目符号】下拉列表框，如图 4-1-14 所示。切换到【项目符号】选项卡，选择四角星样式，也可以选择【定义新项目符号】，自己选择项目符号的类型。然后单击【确定】按钮。

图 4-1-13 【首字下沉】对话框   图 4-1-14 【项目符号】列表框

4. 插入图片

（1）插入图片。单击【插入】选项卡【插图】功能区中的【剪贴画】按钮，弹出【剪贴画】任务窗格，单击【搜索】按钮，如图 4-1-15 所示。选择想要插入的图片单击即可，或者将光标移到图片上，单击在图片右边出现的"▼"按钮，在弹出的下拉菜单中选择【插入】命令。

插入图片和剪贴画

（2）选中剪贴画，在【图片工具格式】选项卡中单击【位置】中的【其他布局选项】按钮，弹出【布局】对话框，如图 4-1-16 所示，选择【四周型】版式选项，单击【确定】按钮。

图 4-1-15 【剪贴画】任务窗格   图 4-1-16 【布局】对话框

（3）用同上的方法插入 3 幅图片，将 3 副图片放在适当的位置，然后保存文档。

一、认识 Word 2010

Word 2010 是 Microsoft（微软）公司最新出品的 Office 2010 系列办公软件中的重要组件之一，是一款专业的文档编辑软件，使用它可以编辑和制作各种类型的文档，其主要功能如下。

（1）文件管理功能：包括文件的新建、打开、保存、打印、打印预览、删除等操作。

（2）编辑功能：包括输入、移动、复制、删除、查找和替换、撤销和恢复等操作。

（3）排版功能：包括页面格式、字符外观、段落格式、页眉和页脚、页码和分页等。

（4）表格处理功能：包括表格的创建、编辑、格式设置、转换、生成图表等操作。

（5）图形处理功能：包括图形的插入、处理、设置、绘制等操作。

（6）Web 主页制作功能等。

Word 2010 窗口界面：由标题栏、选项卡、功能区、状态栏、文档编辑区等组成。

1．启动 Word 2010

启动 Word 2010 的方法有两种。

（1）通过【开始】菜单启动。

① 安装的 Word 2010 软件一般会在【所有程序】菜单中，启动的方法如下。

单击【开始】按钮，在弹出的【开始】菜单中依次选择【所有程序】|【Microsoft Office】|【Microsoft Office Word 2010】命令。

② 开始启动 Word 2010，同时自动创建一个名为"文档 1"的空白文档作为打开后的 Word 2010 窗口。

（2）通过桌面快捷图标启动。

依次选择【开始】|【所有程序】|【Microsoft Office】|【Microsoft Office Word 2010】命令，在 Microsoft Word 2010 命令上右击，在弹出的快捷菜单中依次选择【发送到】|【桌面快捷方式】命令。这时，桌面上就会出现 Word 2010 的快捷图标，就可通过双击该快捷方式图标来启动 Word 2010。

2．退出 Word 2010

退出 Word 2010 程序的方法有很多，下面介绍几种比较简单易行的方法。

（1）单击【关闭】按钮。如果要关闭当前的文档，可以直接单击标题栏右侧的【关闭】按钮 x 。

（2）使用【文件】选项卡中的按钮退出程序。在对文档处理完成后，单击【文件】选项卡中的【关闭】按钮，即可退出程序。

　　　　如果对文档进行了处理又没有保存，在关闭文档时屏幕上会出现如图 4-1-17 所示的提示对话框。可根据需要选择相应的选项。

图 4-1-17　提示对话框

（3）标题栏处关闭。在 Word 文档的窗口标题栏上右击，从弹出的快捷菜单中选择【关闭】命令或者双击快速访问工具栏左边的 Word 图标按钮 W，也可退出程序，将文档关闭。

（4）快捷键关闭。按下"Alt + F4"快捷键可以关闭 Word 文档。

　　　　如果同时打开了多个 Word 文档，就会出现多个 Word 窗口，此时若单击某个 Word 文档窗口上的【关闭】按钮 x ，只能关闭该文档而不会退出 Word 2010。若希望退出 Word 2010，就必须切换到【文件】选项卡，单击【退出】按钮或者双击 Word 图标按钮 W。

3. Word 2010 工作界面

Word 2010 具有非常人性化的操作界面，使用起来很方便。启动 Word 2010 后出现的是它的标准界面，如图 4-1-18 所示。

图 4-1-18　Word 2010 的标准界面

下面简单介绍 Word 文档窗口中各组成部分及其功能。

（1）标题栏。标题栏位于窗口的顶端，用于显示当前正在运行的程序名及文件名等信息。标题栏的左端有快速启动工具栏及 Word 图标，标题栏的右端有 3 个按钮，分别用来控制窗口的最小化、最大化或还原和关闭应用程序。

它主要有 4 个作用。

① 显示文档的名称和程序名。

② 最右侧的控制按钮分别是窗口的【最小化】按钮 ▭ 、【向下还原】按钮 ▭ 和【关闭】按钮 ✕ 。拖动标题栏就可以移动整个窗口。

③ 标题栏的左侧为快速访问工具栏 ，只要在其图标上单击就可以实现相应的操作。单击边上 ▾ 图标，在其下拉菜单中选择任一命令就可以将其设置为快速工具按钮，其图标出现在快速访问工具栏中。

④ 可以让我们很清楚地知道该窗口的状态，如果题标栏是灰色的，则表明该窗口是活动窗口，如果是白色的则不是。

（2）功能区。在 Word 2010 中，取消了传统的菜单操作方式，而代之于各种功能区，窗口上方看起来像菜单和工具栏的主要替代控件。功能区有选项卡、组及命令 3 个基本组件。

① 选项卡：在顶部有若干个基本选项标签，每个选项标签代表一个活动区域。

② 组：每个选项卡都包含若干个组，这些组将相关项组合在一起。

③ 命令：命令是指按钮，用于打开信息框或菜单。

在默认状态下，功能区主要包含【开始】、【插入】、【页面布局】、【引用】、【邮件】、【审阅】和【视图】等基本选项标签。每个选项卡中有多个组，如【开始】选项卡中包含剪贴板、字体、段落、样式、编辑等多个组。【开始】选项卡包含最常用的所有项，如【字体】的命令【字体】、【字号】、【加粗】、【倾斜】等。

每个功能区所拥有的功能如下所述。

①【开始】功能区。【开始】功能区中包括剪贴板、字体、段落、样式和编辑 5 个组,对应 Word 2003 的【编辑】和【段落】菜单部分命令。该功能区主要用于帮助用户对 Word 2010 文档进行文字编辑和格式设置,是用户最常用的功能区,如图 4-1-19 所示。

图 4-1-19 【开始】功能区

②【插入】功能区。【插入】功能区包括页、表格、插图、链接、页眉和页脚、文本、符号几个组,对应 Word 2003 中【插入】菜单的部分命令,主要用于在 Word 2010 文档中插入各种元素,如图 4-1-20 所示。

图 4-1-20 【插入】功能区

③【页面布局】功能区。【页面布局】功能区包括主题、页面设置、稿纸、页面背景、段落、排列几个组,对应 Word 2003 的【页面设置】菜单命令和【段落】菜单中的部分命令,用于帮助用户设置 Word 2010 文档页面样式,如图 4-1-21 所示。

图 4-1-21 【页面布局】功能区

④【引用】功能区。【引用】功能区包括目录、脚注、引文与书目、题注、索引和引文目录几个组,用于实现在 Word 2010 文档中插入目录等比较高级的功能,如图 4-1-22 所示。

图 4-1-22 【引用】功能区

⑤【邮件】功能区。【邮件】功能区包括创建、开始邮件合并、编写和插入域、预览结果和完成几个组,该功能区的作用比较专一,专门用于在 Word 2010 文档中进行邮件合并方面的操作,如图 4-1-23 所示。

⑥【审阅】功能区。【审阅】功能区包括校对、语言、中文简繁转换、批注、修订、更改、比较和保护几个组,主要用于对 Word 2010 文档进行校对和修订等操作,适用于多人协作处理 Word 2010 长文档,如图 4-1-24 所示。

图 4-1-23 【邮件】功能区

图 4-1-24 【审阅】功能区

⑦【视图】功能区。【视图】功能区包括文档视图、显示、显示比例、窗口和宏几个组，主要用于帮助用户设置 Word 2010 操作窗口的视图类型，以方便操作，如图 4-1-25 所示。

图 4-1-25 【视图】功能区

⑧【加载项】功能区。【加载项】功能区包括菜单命令一个分组，加载项是可以为 Word 2010 安装的附加属性，如自定义的工具栏或其他命令扩展。【加载项】功能区则可以在 Word 2010 中添加或删除加载项，如图 4-1-26 所示。

图 4-1-26 【加载项】功能区

（3）状态栏。状态栏位于 Word 窗口的底部，用于显示当前窗口的状态，如当前的页号、节号、当前页及总页数、光标插入点位置、改写／插入状态、当前使用的语言、显示比例，以及页面视图、阅读版式视图、Web 版式视图、大纲视图、草稿 5 个视图按钮。

（4）对话框启动器。在功能区每组右下角有一个小对角箭头 ，称为对话框启动器。如果单击该箭头，用户会看到与该组相关的更多选项，通常以 Word 早期版本中的对话框形式出现。谈到早期版本，用户可能想知道是否可以获得与 Word 早期版本相同的外观。很遗憾，这是不能实现的。不过，只要稍微熟悉一下功能区，用户就会习惯各个选项的位置，然后发现它可以帮助你更轻松地完成任务，从而喜欢上它。

（5）额外功能区。当在文档中插入一个图片时，会出现一个额外的【图片工具】功能区，其中显示用于处理图片的几组命令。额外选项卡只有在需要时才会出现。例如，要对刚刚插入的图片做进一步的处理，怎么找到所需命令呢？步骤如下。

① 选择文档中已经插入的图片。

② 【图片工具】功能区将出现，切换到【格式】选项卡。

③ 此时会显示用于处理图片的组和命令，如图 4-1-27 所示。

④ 在图片外单击，【图片工具】功能区将消失，其他组将重新出现。

图 4-1-27 【图片工具】功能区

（6）浮动工具栏。浮动工具栏是指当文档中的文字处于选中状态时，如果用户将鼠标指针移到被选中文字的右侧位置，将会出现一个半透明状态的浮动工具栏。该工具栏中包含常用的设置文字格式的命令，如设置字体、字号、颜色、居中对齐等命令。将鼠标指针移动到浮动工具栏上将使这些命令完全显示，进而可以方便地设置文字格式。

如果不需要在文档窗口中显示浮动工具栏，可以在【Word 选项】对话框中将其关闭，操作步骤如下：第 1 步，打开 Word 文档窗口，依次单击【文件】|【选项】按钮；第 2 步，在打开的【Word 选项】对话框中，取消【常规】选项卡中的【选择时显示浮动工具栏】复选框，并单击【确定】按钮即可。

（7）帮助按钮。单击【帮助】按钮 ⑦ ，可以打开【Word 帮助】窗口，其中列出了一些帮助的内容，如图 4-1-28 所示。可以在【搜索】文本框中输入要搜索的内容，然后单击【搜索】按钮，向 Word 2010 寻求帮助。

图 4-1-28 【Word 帮助】窗口

4．Word 2010 中的视图方式

Word 2010 提供了多种在屏幕上显示 Word 文档的方式，每一种显示方式都称为一种视图。Word 2010 提供了 5 种视图，具体介绍如下。

（1）页面视图。在【视图】选项卡的【显示】功能区中选中【导航窗格】复选框，就会在普通视图的左侧出现一个显示有文档结构的窗格，在该窗格中单击某个标题就可在右侧窗格中显示相应的内容。"页面视图"＋【导航窗格】特别适合编写较长的文档。

（2）阅读版式视图。阅读版式视图是进行了优化的视图，模拟纸质书籍阅读模式，增强了文档的可读性。

（3）Web 版式视图。在 Web 版式视图中，Word 对网页进行了优化，可看到在网站上发布时网页的外观。正文显示得更大且自动换行以适应窗口。

（4）大纲视图。在大纲视图中将出现【大纲】工具栏，可以方便地查看和修改文档的结构，可以折叠或展开文档、上移或下移文本块等。

（5）草稿。在草稿视图下不能显示绘制的图形、页眉、页脚、分栏等效果，所以一般利用普通视图进行最基本的文字处理，工作速度较快。

二、文档编辑

这里主要介绍 Word 2010 文字编辑的基本操作，包括如何创建、保存和打开一个文档；在创建或打开一个文档后，如何进行文字输入、文本选定、文本复制、文本移动、文本查找和替换等操作；文本编辑完成之后，如何将文档保存。

创建"学习
计划"文档

1．文档的创建、保存和打开

在 Word 中，用户可以创建和编辑任何形式的文档。

（1）文档的创建。在 Word 2010 中，【新建】任务窗格的各个标签中提供了多种不同的文档模板，在这些模板中存放着预先定义好的设置，操作步骤如下。

① 选中【文件】选项卡，在【文件】选项卡中单击【新建】按钮，右侧弹出如图 4-1-29 所示的面板。

图 4-1-29 【新建文档】对话框

② 选择模板后单击右侧的【创建】图标按钮，建立一个新的文档。

小提示 　　同时按下"Ctrl +N"组合键也可以新建文档，或者单击快速访问工具栏上的 🗋 按钮。

（2）文档的保存。对于输入的内容，只有将它保存起来，才能在以后对它进行查看或修改。

方法 1：通过文件菜单保存。这种方法比较适用于新建的、没有经过保存的文档，其操作步骤如下。

① 完成文档的编辑工作后，切换到【文件】选项卡，在【文件】选项卡中单击【保存】按钮。

② 如果当前文档是新文档，将弹出【另存为】对话框。首先选择文档要保存的位置；接下来在【保存类型】下拉列表框中选择文档要被保存的类型，默认的文件类型为 docx；然后在【文件名】文本框中输入文档的名称；最后单击【保存】按钮。

还可以通过以下两种方法来打开【另存为】对话框。

① 直接在标题栏中单击【保存】按钮🖫。

② 按下"Ctrl+S"组合键。

方法 2：通过快速访问工具栏保存。这种方法比较适用于已经保存过的文件，在编辑过程中不定时地进行快捷保存，具体方法如下。

单击快速访问工具栏中的【保存】按钮🖫，直接在原来的位置保存。

小提示 　　如果当前文档是新文档，将弹出【另存为】对话框，接下来的操作按照第一种方法的步骤②进行。

方法 3：另存 Word 文档。如果想把当前已保存的文档以其他的文件名保存，或保存在其他位置，可以在【文件】选项卡中单击【另存为】按钮，如图 4-1-30 所示。在弹出的【另存为】对话框中，选择文档要保存的位置、类型，输入文件名，单击【保存】按钮即可，如图 4-1-31 所示。

图 4-1-30　另存 Word 文档

图 4-1-31　【另存为】对话框

2．文本的输入

输入的文本既可以是英文，也可以是中文，只需要切换输入法就可以了。切换输入法的常用快捷键是"Ctrl + Space"组合键（中英文切换）、"Ctrl + Shift"组合键，（各输入法之间切换）。

在新建的空白文档中，将光标定位于 Word 窗口编辑区内某位置。选择一种熟悉的输入法，如"搜狗拼音输入法"，即可开始输入文本内容。

3．文本的选择

要编辑和修改文档，首先要学会如何选择文本，在 Word 中选择文本的方法有很多而且也非常灵活，下面介绍几种方法。

（1）通过鼠标选择。将光标定位到要选择文本的开始位置，然后按住鼠标左键并拖动到要选择文本的结束位置后松开；或者按住"Shift"键在要选择文本的结束位置单击，可以选中光标与鼠标指针之间的所有连续文本。这个方法对连续的字、句、行、段的选择都适用，如图 4-1-32 所示。

图 4-1-32　用鼠标选择文本

（2）行的选择。将鼠标指针移动到要选择行的左侧选择区，当鼠标指针变成了一个斜向右上方的箭头时，单击可选中这一行，双击可选中这一段，连续三击可选中整个文档，如图 4-1-33 所示。也可选择连续多行文本，即在单击选择首行（或末行）文本时，按下鼠标左键不放，向下或向上拖动来实现。

（3）段落的选择。如果要选择的文本是一个段落，也可以用拖动鼠标的方法来选择。要是选择不连续的段落该怎么办呢？针对不同情况有不同的操作方法。

选取一段：在要选取的段落中的任意位置连续单击三次，就可以选中整个段落。

选取连续段落：将光标定位到要选取段落的开头，按住"Shift"键，然后在最后一个段落的末尾处单击即可。

选取不连续段落：首先选取一个段落，然后按住"Ctrl"键，再用拖动鼠标的方法选取需要的段落即可。

（4）矩形选取。按住"Alt"键不放，在要选取的开始位置按下左键，拖动鼠标指针拉出一个矩形的选择区域即可，如图 4-1-34 所示。

图 4-1-33　行的选取

图 4-1-34　矩形选取

图 4-1-35　全文选取

（5）选取全文。在编辑文档的过程中，常常要对整个文档的文本进行相同的操作，如把文本的字号都设置为四号等，这时我们就要先对全文进行选取。

在【开始】选项卡的【编辑】功能区中单击【选择】按钮，在其下拉菜单中选择【全选】命令，如图 4-1-35 所示。其效果如图 4-1-36 所示。

图 4-1-36　全文选取效果

4．复制文本

复制文本的方法多种多样，下面介绍一些常用的方法。

（1）使用菜单命令实现一次复制。在编辑文档时常常要用到复制功能，一般都是通过菜单命令来实现的，操作步骤如下。

① 选择要重复输入的文字，然后单击【开始】选项卡中的【复制】按钮 复制，或在选中区域右击并在弹出的快捷菜单中选择【复制】命令，或按下"Ctrl+C"组合键对文字进行复制。

② 将光标定位在要输入文本的地方，再单击【开始】选项卡中的【粘贴】按钮，或右击并选择快捷菜单中的【粘贴选项】命令，或同时按下"Ctrl+V"组合键。

小提示 不管用哪种方式复制文本后，都会在目标位置出现一个【粘贴选项】按钮 ，单击该按钮，弹出的下拉菜单如图 4-1-37 所示。其中的 3 个命令介绍如下。

图 4-1-37 【粘贴选项】按钮下拉菜单

- 【保留源格式】命令：保留文本原来的格式。

- 【合并格式】命令：使文本与当前文档的格式保持一致。

- 【只保留文本】命令：选择该命令可以去除要复制内容中的图片和其他对象，只保留纯文本内容。

（2）使用 Office 剪贴板的【复制】和【粘贴】命令。将项目复制到 Office 剪贴板以将其添加到项目集合中，然后就可以随时将其从 Office 剪贴板粘贴到任何 Office 文档中。收集的项目将保留在 Office 剪贴板中，直到退出所有 Office 程序或者从剪贴板任务窗格中将其删除，操作步骤如下。

① 在【开始】选项卡的【剪贴板】功能区中，单击【剪贴板】任务窗格启动按钮，打开【剪贴板】任务窗格，如图 4-1-38 所示。

② 打开一个文档，选中其标题。在【开始】选项卡的【剪贴板】功能区中，单击【复制】按钮，在【剪贴板】任务窗格的粘贴项目中会出现"大自然"字样，如图 4-1-39 所示。

图 4-1-38 【剪贴板】任务窗格

③ 复制第一段，如图 4-1-40 所示。

④ 把第二段剪切掉，如图 4-1-41 所示。

⑤ 单击项目粘贴的目标位置。如果要逐个粘贴多个项目，可以在【剪贴板】任务窗格中单击每个要粘贴的项目，如图 4-1-42 所示。

⑥ 如果要粘贴所有项目，可以在【剪贴板】任务窗格中单击【全部粘贴】按钮，如图 4-1-43 所示。

⑦ 如果要清空 Office 剪贴板中所有的粘贴项目，只需单击【全部清空】按钮，如图 4-1-44 所示。

图 4-1-39　粘贴项目中
出现"大自然"

图 4-1-40　复制文本

图 4-1-41　剪切文本

图 4-1-42　粘贴文本

图 4-1-43　全部粘贴

图 4-1-44　全部清空

5．文字的移动

如果在编辑文档时，发现某些文字的位置安排错误，就可能要进行文字的移动，其操作步骤如下。

（1）选中要移动的文字。

（2）拖动文字到要插入的地方松开鼠标左键，就可以移动到该处，非常简单。

小提示

要移动文本，也可以这样做。

先选中要移动的文字，按下"F2"键，此时光标变成短虚线，用键盘将光标定位到要插入文字的位置，按下"Enter"键，文字就移动过来了。

通过【剪切】按钮实现移动。首先选中要移动的文字，在【开始】选项卡的【剪贴板】功能区中单击【剪切】按钮，将鼠标指针移到目标位置，再单击【粘贴】按钮，就可以实现文本移动了。

按下"Ctrl+X"组合键进行剪切，再按下"Ctrl+V"组合键进行粘贴，也可以实现文本移动。

6．导航、查找与替换

利用 Word 提供的导航、查找与替换功能，可在文档中快速定位和查找特定的文本，还可以根据需要对其进行更新替换。

（1）利用导航定位文本。打开【导航】窗格：运行 Word 2010，打开一份超长文档，切换到【视图】选项卡，勾选【显示】组中的【导航窗格】，即可在 Word 2010 编辑窗口的左侧打开【导航窗格】。Word 2010 新增的文档导航功能的导航方式有 4 种：标题导航、页面导航、关键字(词)导航和特定对象导航。

①文档标题导航。文档标题导航是最简单的导航方式，使用方法也最简单，打开【导航】窗格后，单击【浏览你的文档中的标题】按钮，将文档导航方式切换到【文档标题导航】，Word 2010 会对文档进行智能分析，并将文档标题在【导航】窗格中列出，只要单击标题，就会自动定位到相关段落。

> 小提示　　　文档标题导航有先决条件，打开的超长文档必须事先设置有标题。如果没有设置标题，就无法用文档标题进行导航，而如果文档事先设置了多级标题，导航效果会更好、更精确。

② 文档页面导航。用 Word 编辑文档会自动分页，文档页面导航就是根据 Word 文档的默认分页进行导航的。单击【导航】窗格上的【浏览你的文档中的页面】按钮，将文档导航方式切换到"文档页面导航"，Word 2010 会在【导航】窗格上以缩略图的形式列出文档分页，只要单击分页缩略图，就可以定位到相关页面查阅。

③ 关键字(词)导航。除了通过文档标题和页面进行导航，Word 2010 还可以通过关键(词)导航，单击【导航】窗格上的【浏览你当前搜索的结果】按钮，然后在文本框中输入关键(词)，【导航】窗格上就会列出包含关键字(词)的导航链接，单击这些导航链接，就可以快速定位到文档的相关位置。

④ 特定对象导航。一篇完整的文档，往往包含有图形、表格、公式、批注等对象，Word 2010 的导航功能可以快速查找文档中的这些特定对象。单击搜索框右侧放大镜后面的"▼"，选择【高级查找】栏中的相关选项，就可以快速查找文档中的图形、表格、公式和批注。

（2）高级查找。单击【开始】选项卡【编辑】组中【查找】按钮右边的"▼"按钮，选择【高级查找】命令，打开【查找和替换】对话框，设置好相应的内容后，可以快速查找符合条件的文本。

（3）替换文本。

① 单击【开始】选项卡【编辑】组中的【替换】按钮，或在【查找和替换】对话框中单击【替换】选项卡。

② 在【查找内容】文本框中输入要查找的内容。

③ 在【替换为】文本框中输入替换内容。

④ 单击【替换】按钮或单击【全部替换】按钮。

在编辑文档的过程中，特别是在长文档中，经常遇到要查找某个文本或要更正文档中多次出现的某个文本的情况，此时使用查找和替换功能可快速达到目的。

7．撤销与恢复

（1）单击快速访问工具栏中的【撤销】按钮，每单击一次，撤销最近一次操作。

（2）单击快速访问工具栏中的【恢复】按钮，可恢复撤销的操作。

8．自动更正

在平时编辑完文档时，每次都要在文档的末尾签名处插入相片，久而久之会感觉特别麻烦。为了在假期计划的文档中快速而简单地输入相片，可以利用自动更正功能，其操作步骤如下。

（1）在文档中插入相片，并且选中它。

（2）在【文件】选项卡中单击【选项】按钮，打开【Word 选项】对话框，如图 4-1-45 所示。单击【校对】标签，在对应的选项卡中单击【自动更正选项】按钮，弹出【自动更正】对话框。

（3）切换到【自动更正】选项卡，在【替换】文本框中输入替换字词，替换字词既要形象又要便于理解和记忆，如输入"我的相片"。

（4）单击【确定】按钮。以后再输入相片时，只需要输入文字"我的相片"，系统就会自动地把相片插入到文档中。

9．多窗口编辑技术

（1）窗口的拆分。

① 使用【视图】选项卡【窗口】组中的【拆分】按钮。

② 拖动垂直滚动条上端的小横条拆分窗口。

（2）多个文档窗口间的编辑。在【视图】选项卡【窗口】组中的【切换窗口】下拉菜单中列出了所有被打开的文档名，其中一个文档名前有对勾符号，表示该文档窗口是当前文档窗口。单击文档名可切换当前文档窗口，也可以单击任务栏中相应的文档按钮来切换。

图 4-1-45 【Word 选项】对话框

三、文字段落设置

文字段落设置包括字符格式、段落字符格式、边框和底纹等内容。

1. 设置字符格式

通过设置文档中字符的格式，可以使文档更加美观。

（1）字符的字体格式。录入完文字后，有必要对某些文字进行字体格式设置，如标题字体、字号、字形等，其操作方法如下。

① 选择要设置格式的字符。

② 切换到【开始】选项卡，在【字体】功能区中可以看到【字体】、【字号】等设置按钮。

③ 单击【字号】按钮旁边的下拉列表箭头按钮，在下拉菜单中选择字体大小。

④ 单击【字体】按钮旁边的箭头按钮，在下拉菜单中选择字体类型。

⑤ 依次单击【加粗】按钮 **B**、【倾斜】按钮 *I*，对文本进行加粗、倾斜设置。

　　在对字体进行设置时，也可以在选中的文字上右击，在弹出的快捷菜单中选择【字体】命令，然后在弹出的【字体】对话框中对文字的字体、字号、字形、字符间距及文字效果等进行综合设置，如图4-1-46所示。

图 4-1-46 【字体】对话框

（2）设置字符间距。设置文档的字体、字号和字形后，如果标题字符间距过小，可以对标题的字符间距进行调整，同时还可以为标题添加一些文字效果使之更醒目，其操作步骤如下。

① 选择要设置格式的字符。

② 在【开始】选项卡中单击【字体】对话框启动器，如图4-1-47所示。

③ 在弹出的【字体】对话框中，切换到【高级】选项卡，接着在【间距】下拉列表框中选择【加宽】选项，然后在右侧的【磅值】微调框中选择【8磅】选项，如图4-1-48所示。

图 4-1-48 【字符间距】选项卡

图 4-1-47 单击【字体】对话框启动器

2．段落字符格式

（1）段落缩进。段落缩进包括 4 种方式：左缩进、右缩进、首行缩进和悬挂缩进，如图 4-1-49 所示。

图 4-1-49 段落缩进方式

● 左缩进：设置段落与左页边距之间的距离。左缩进时，首行缩进标记和悬挂缩进标记会同时移动。左缩进可以设置整个段落左边的起始位置。

● 右缩进：拖动该标记，可以设置段落右边的缩进位置。

● 首行缩进：可以设置段落首行第一个字的位置，在中文段落中一般采用这种缩进方式，默认缩进两个字符。

● 悬挂缩进：可以设置段落中除第一行以外的其他行左边的开始位置。

设置段落缩进的方法有以下两种。

① 利用水平标尺进行段落缩进的设置：水平标尺上有多种标记，通过调整标记的位置可以设置光标所在段落的各种缩进，在设置的同时按住键盘上的"Alt"键不放，可以更精确地在水平标尺上设置段落缩进。

② 利用【段落】对话框进行段落缩进的设置：选中要设置缩进的段落，然后在【开始】选项卡的【段落】功能区中单击 按钮，弹出【段落】对话框，切换到【缩进和间距】选项卡，在【缩进】功能区中选择【首行缩进】选项，单击【确定】按钮即可。

小提示

　　还可以通过单击【减少缩进量】按钮和【增加缩进量】按钮 来实现段落的缩进。

（2）段落间距和行间距。行距就是行与行之间的距离，而段间距是段落与段落之间的距离。行距一般系统默认值是 1.0，如果觉得这个距离太小，可以对行距进行调整。

选中文档，单击【开始】选项卡中的【行和段落间距】按钮，在其下拉菜单中有一些具体的行距数值，根据需要，单击它即可。还可以通过【增加段前间距】和【增加段后间距】两个命令对段间距进行设置。如果没有合适的行距，可以选择【行距选项】命令，打开【段落】对话框，对段间距进行更精确的设置。如在【段前】微调框中输入"3 行"，在【行距】下拉列表框中选择【多倍行距】选项，如图 4-1-50 所示，设置完成后单击【确定】按钮。

（3）设置段落的对齐方式。段落有 5 种对齐方式。

- 左对齐：将文本向左对齐。
- 右对齐：将文本向右对齐。

图 4-1-50　【段落】对话框

- 两端对齐：调整文字的水平间距，使其均匀分布在左、右页边距之间。两端对齐使两侧文字具有整齐的边缘。

- 居中对齐：将所选段落的各行文字居中对齐。

- 分散对齐：将所选段落的各行文字均匀分布在该段左、右页边距之间。

图 4-1-51　对齐按钮

可以在【段落】对话框中的【对齐方式】下拉列表框中设置段落的对齐方式，也可以利用工具栏中的对齐按钮来设置，如图 4-1-51 所示，无按钮被选中时表示左对齐。

小提示

如果只设置一个段落格式，只要将光标定位在该段落中即可；如果设置多个段落，则可先选择各段落再一起设置。

3. 边框和底纹

在 Word 中可以为选中的文本、段落或整个页面设置边框和底纹，以突出显示某个部分。

（1）添加边框。

① 选择要添加边框的段落，在【开始】选项卡【段落】功能区中单击【边框和底纹】按钮，弹出【边框和底纹】对话框。

② 切换到【边框】选项卡，在【设置】功能区中选择要应用的边框类型，如【方框】，然后在【样式】列表框中选择边框线的样式，接着在【颜色】下拉列表框中选择边框线的颜色，再在【宽度】下拉列表框中选择边框线的粗细，最后在【应用于】下拉列表框中选择应用边框的范围，并单击【确定】按钮，添加边框后的效果如图 4-1-52 所示。

（2）添加底纹。添加底纹的方法与添加边框的方法基本一样，都是先选中对象，然后在【边框和底纹】对话框中进行设置。

选中要添加底纹的段落，单击【边框和底纹】按钮，弹出【边框和底纹】对话框。切换到【底纹】选项卡，可以在里面进行底纹的设置。设置完成之后，单击【确定】按钮，其效果如图 4-1-53 所示。

图 4-1-52　添加边框

图 4-1-53　添加底纹

4．格式刷

格式刷是快速编辑文字的好助手，当需要设置的格式和已有的格式相同时，不必再重复进行格式设置，直接用格式刷刷一下就行了。

使用格式刷的操作过程为：选中已设置好格式的文本，单击【格式刷】按钮，将鼠标指针移到编辑区，这时鼠标指针变成了刷子形状，即【格式刷】按钮上的图标形状。找到要设置格式的文本，拖动鼠标刷过去就行了，其效果如图 4-1-54 所示。

图 4-1-54　格式刷使用前后效果对比

四、拓展与技巧

1.页面布局

（1）首字下沉。首字下沉是一种特殊的排版方式，就是把一篇文档开头第一句的第一个字放大数倍，从而起到醒目的作用，操作步骤如下。

① 将光标移到需要设置首字下沉的段落中，单击【插入】功能区中的【首字下沉】按钮。

② 在其下拉菜单中有 3 种预设的方案，可以根据需要选择使用，如果要进行详细的设置，可以选择【首字下沉选项】命令，如图 4-1-55 所示。

③ 在弹出的【首字下沉】对话框中进行设置，如图 4-1-56 所示。

图 4-1-55　选择【首字下沉选项】命令

图 4-1-56　【首字下沉】对话框

④ 如在简报文档中设置下沉，下沉行数为 3 行，字体为楷体，效果如图 4-1-57 所示。

图 4-1-57　首字下沉的效果

（2）分栏。为了美化版面，人们往往会将页面分成两栏或多栏。

① 分栏宽相等的栏。如果分栏后每栏的宽度都不一样，将会影响文档的美观且会给阅读带来极大的不便。设置宽度相等的分栏的具体操作步骤如下。

a. 在文档中选中要分栏的文本。切换到【页面布局】选项卡，在【页面设置】功能区中单击【分栏】按钮 。

b. 在下拉菜单中选择预置的分栏样式，如果选择【更多分栏】命令，则会弹出【分栏】对话框，如图 4-1-58 所示。

c. 对简报进行如下设置：分为两栏，栏宽相等，应用于所选文本，不设置分隔线，单击【确定】按钮，其效果如图 4-1-59 所示。

图 4-1-58 【分栏】对话框

图 4-1-59 分栏效果

② 设置通栏标题。对简报的正文设置分栏后，我们还可以将其标题设置为跨越多栏的通栏标题，这样看起来比较舒适、美观。

a. 如果文本一定要设置成通栏标题，则单击【分栏】按钮 ，在下拉菜单中选择【一栏】选项。

b. 将标题的对齐方式设置为居中对齐，通栏标题的设置效果如图 4-1-60 所示。

图 4-1-60 设置通栏标题

（3）项目符号和段落编号。对已键入的段落添加编号或项目符号。

① 选定要添加段落编号或项目符号的段落。

② 单击【段落】组中的【项目符号】按钮。

③ 选择所需要的符号，或自定义符号。

④ 单击【段落】组中的【编号】按钮，选择所需要的编号或自定义编号。

⑤ 单击【确定】按钮。

（4）制表位的设定。按"Tab"键后，插入点移动到的位置称为制表位。Word 中，默认制表位是从标尺左端开始自动设置，各制表位间的距离是 0.75 厘米。另外，Word 提供了 5 种不同的制表位，用户可根据需要选择并设置，使用标尺设置制表位。

① 将插入点置于要设置制表位的段落。

② 单击水平标尺左端的制表位对齐方式按钮，选择一种制表符。

③ 单击水平标尺上要设置制表位的地方，出现制表符图标。

④ 重复②、③两步至设置完成。

可以拖动水平标尺上制表符图标调整其位置。

（5）插入分页符。对于长文档，Word 具有自动分页的功能。有时为了将文档的某一部分内容单独形成一页，也可采取人工方式对文档进行强制分页。

① 选择【页面布局】选项卡。

② 在【页面设置】功能区中单击【分隔符】按钮，弹出【分隔符】下拉菜单，选中【分页符】命令即可。

注意　在页面视图下，人工分页符不显示，只是从插入点处另起一页，这时可以删除人工分页符，使页面合并。但以虚线显示的自动分页符是不可删除的。在草稿和大纲视图下，人工分页符空一行；在 Web 版式视图下，人工分页符空两行。

2. 页面设置与打印

这里主要介绍页面设置，包括添加页眉、页脚和页码，设置页边距等内容。创建好一篇文档后，如果要把它打印出来，就要对它的页面进行设置，不然在打印时，可能会出现文档内容打印不全等问题。

（1）添加页眉、页脚和页码。可以在每个页面的顶部设置页眉，也可以在底部设置页脚，在页眉和页脚中可以插入文本或图形。例如，可以添加页码、时间和日期、公司徽标、文档标题、文件名或作者姓名等，这样可以使文档更加丰富。

① 添加页眉页脚。页眉位于页面的顶端，页脚位于页面的底端，它们不占用正文的显示位置，而显示在正文与页边缘之间的空白区域。一般用来显示一些重要信息，如文章标题、作者、公司名称、日期等。

在【插入】选项卡中单击【页眉】或【页脚】按钮，单击所需的页眉或页脚样式，页眉或页脚即被插入文档的每一页中。例如，在页眉中输入"简报范文"字样，双击空白处即退出页眉页脚的编辑状态，其效果如图 4-1-61 所示。

② 添加页码。在【插入】功能区中单击【页码】按钮，如图 4-1-62 所示，然后根据需要选择页码在文档中显示的位置。

图 4-1-61　添加页眉页脚

图 4-1-62　添加页码

（2）页面设置。

① 页边距设置。页边距就是页面上打印区域之外的空白空间。如果页边距设置得太窄，打印机将无法打印纸张边缘的文档内容，导致打印不全。所以，在打印文档前应先设置文档的页面。

在【页面布局】选项卡中单击【页边距】按钮，在其下拉菜单中有 6 个页边距选项。可以使用这些预定好的页边距，也可以通过【自定义边距】命令设置页边距。如果选择【自定义边距】命令，则会弹出【页面设置】对话框，切换到【页边距】选项卡，可以在【页边距】功能区中的【上】、【下】、【左】、【右】文本框中输入数值，如图 4-1-63 所示。

图 4-1-63　【页面设置】对话框

② 纸张设置。下面设置稿件打印纸张的大小。

a. 在【页面布局】功能区中单击【纸张大小】按钮，在其下拉菜单中包括一些预定好的选项，可以根据需要选择使用；也可以通过【其他页面大小】命令进行设置，如图 4-1-64 所示。

b. 选择【其他页面大小】命令，打开【页面设置】对话框，切换到【纸张】选项卡。

c. 在【纸张大小】功能区中，选择【自定义大小】选项，在【高】、【宽】文本框中输入数值。

图 4-1-64　设置纸张大小

③ 文档网格的设置。网格对我们来说并不陌生，如我们所使用的信纸、笔记本、作业本上都有。在 Word 文档中也一样可以设置网格。

打开【页面设置】对话框，切换到【文档网格】选项卡；在【网格】功能区中选中【指定行和字符网格】单选按钮，再单击【绘图网格】按钮。在【绘图网格】对话框中，选中【在屏幕上显示网格线】复选框，如图 4-1-65（a）所示。单击【确定】按钮，其效果如图 4-1-65（b）所示。

（a）【绘制网格】对话框

（b）文档网格效果

图 4-1-65　设置文档网格

（3）打印和保护文档。在文档编辑和页面设置完成后就可以进行打印了。打印之前可先预览打印效果。

① 打印预览。打印预览视图是一个独立的视图窗口，与页面视图相比，可以更真实地表现文档外观。而且在打印预览视图中，可任意缩放页面的显示比例，也可以同时显示多个页面。

通过【文件】选项卡进行打印预览是最常用的方法，操作步骤如下。

a. 在【文件】选项卡中单击【打印】按钮，最右边直接显示打印预览效果图，如图 4-1-66 所示。

图 4-1-66　打印预览效果图

b. 如果对预览效果满意，单击【打印】按钮即可。

小提示

　　　如果对预览效果不满意，还可以单击【页面设置】对话框启动器，打开【页面设置】对话框重新进行设置。

　　② 打印文档。对打印预览效果满意之后，就可以进行打印了。如果只需要打印部分文档或采取其他的打印方式等，就要对打印属性进行设置。例如，只打印稿件的第一页可以进行如下设置。

　　a. 在【文件】选项卡中单击【打印】按钮，右侧弹出【打印】面板。

　　b. 在【打印机】下拉列表框中选择打印机，然后在【设置】功能区中选择要打印的文档范围。

　　c. 单击【页面设置】按钮，弹出【页面设置】对话框，可以对页面的布局和纸张进行设置，如图 4-1-67 所示。

　　d. 设置完成后，单击【确定】按钮即可。

　　③ 保护文档。

　　方法 1：使用【另存为】对话框。

　　a. 单击【文件】选项卡中的【另存为】按钮，打开【另存为】对话框。

　　b. 在【另存为】对话框中选择【工具】下拉列表中的【常规选项】命令，打开【常规选项】对话框，在打开文件时输入设定的密码。

图 4-1-67　【页面设置】对话框

c. 单击【确定】按钮，会弹出一个【确认密码】对话框，用户再次键入所设置的密码并单击【确定】按钮，返回【另存为】对话框，单击【保存】按钮即可。

d. 若要设置修改权限密码，则在【常规选项】对话框的修改文件时的密码中设定相应密码即可。

方法 2：使用【保护文档】按钮。

a. 单击【文件】中的【信息】按钮，在右侧的面板中单击【保护文档】按钮，在弹出的下拉菜单中选择【用密码进行加密】命令。

b. 键入所设置的密码，单击【确定】按钮即可。

3．创建样式和模版

"样式"就是一组字符格式和段落格式的组合体，使用样式的目的是为了提高排版的效率。用户可以先为某些段落精心设计其字符和段落格式，包括为其设定一定的项目符号、编号或多级符号格式，然后将它们存储为一个样式，并为该样式起名为"样式名"。这样，当用户在今后的排版工作中希望将某些段落设置为相同的格式时，就可以直接通过该"样式名"来调出此前所存储的样式，并将其作用在新的段落上，而无需再为其一一设定字符和段落格式，从而大大提高了排版效率。

"模板"则可以简单地认为是存储各种样式的"仓库"，如果希望一个样式能够被长期反复使用，就必须把它存储在某个"模板"中。Word 2010 提供了 100 多种内置样式，如标题样式、正文样式、页眉页脚样式等。

（1）样式。

① 应用样式。

选定样式的方法，如图 4-1-68 所示。

图 4-1-68　选定样式

在弹出的【样式库】窗格中选择所需样式，如图 4-1-69 所示。

② 创建样式。

Word 2010 允许用户创建新的样式，创建样式的操作方法如下。在【开始】选项卡的【样式】组中单击右下角的对话框启动器，弹出【样式】窗格，如图 4-1-70 所示。

然后，单击【样式】窗格左下角的【新建样式】按钮，弹出【根据格式设置创建新样式】对话框，如图 4-1-71 所示。在【名称】文本框中输入新建样式的名称，根据需要对文字和段落等进行设置。单击【确定】按钮，完成设置。

③ 修改/删除样式。

修改样式的方法：打开【样式】窗格，将鼠标指针指在需要修改的样式上，单击要修改样式右边的箭头，在出现的下拉菜单中选择【修改样式】命令，打开【修改样式】对话框，按需要修改样式即可，如图 4-1-72 所示。

删除样式的方法：打开【样式】窗格，将鼠标指针指在需要删除的样式上，单击右边的向下箭头，在弹出的下拉菜单中选择【删除】命令。

系统只允许删除自己创建的样式，而 Word 的内置样式只能修改，不能删除。

图 4-1-69 【样式库】窗格

图 4-1-70 【样式】窗格

图 4-1-71 【根据格式设置创建新样式】对话框

（2）模板。任何 Word 文档都是以模板为基础的，模板决定文档的基本结构和文档设置。Word 2010 提供了多种固定的模板类型，如信函、简历、传真、备忘录等。模板是一种预先设置好的特殊文档，能提供一种塑造文档最终外观的框架，而同时又能向其中添加自己的信息。

① 选用模板。

单击【文件】选项卡中的【新建】按钮，在右侧的【可用模板】面板中显示出包含的模板，选择所需模板类型即可，如图 4-1-73 所示。

选择【样本模板】可以显示出系统安装的模板类型。

按照模板的格式，在相应的位置输入内容，就可以将此模板应用到新文档中了。

② 根据现有文档创建新模板。

首先，排版好一篇文档，为新模板设计基本架构模式，确定文档的最终外观，单击【文件】选项卡中的【另存为】按钮，弹出【另存为】对话框。

为新创建的模板设置新名称，单击【保存】按钮即可。模板文件的扩展名为 dotx。

图 4-1-72 【修改样式】对话框

图 4-1-73 【可用模板】面板

五、创新作业

（1）制作如图 4-1-74 所示的作品，要求如下。

① 设置艺术字。

② 设置分栏。

③ 设置字号、字体、颜色。

④ 设置边框和底纹。

⑤ 插入页眉和页脚。

⑥ 设置首字下沉。

（2）制作如图 4-1-75 所示的作品，要求如下。

① 设置艺术字。

② 设置分栏。

③ 设置字号、字体、颜色。

④ 设置边框和底纹。

⑤ 插入页眉和页脚。

⑥ 设置首字下沉。

⑦ 插入图片。

图 4-1-74　文字排版　　　　　　　　图 4-1-75　图文混排

（3）以小组为团队，制作某种产品的宣传海报，要求如下。

① 主题明确、版式合理、具有艺术性。

② 运用 Word 中的文本框、插图等多种技巧对文档进行排版。

任务二　大学生求职自荐材料制作——表格设计

对于面临就业的大学生来说，写好个人简历意义重大。因为在众多的求职者中，要想让用人单位在短时间内对你印象深刻，并在交谈后更能把你"放在心上"，有一样东西是必不可少的，这就是个人简历。

效益好的单位招人，往往是从众多的应聘者中挑选几个他们认为最好的人才。这样，出于办事效率的要求，他们不可能对每个应聘者都进行详细的面试。如果有意向的话，某些单位会要走你的个人简历，作为初步筛选的依据材料，等回去研究完应聘者的个人简历后，再决定需要面试的人员。一般来说，制作简历包括以下两方面。

（1）制作封面简历，要求版面清晰，内容写明姓名、毕业院校、专业等，运用到所学的知识包括插入图片、艺术字、页眉、页脚、水印和文本框。

（2）制作表格式简历，运用插入表格和对表格进行格式化的知识，并写明基本信息情况、求职意向、技能、特长或爱好、奖励情况和社会关系。

任务实现方法如下。

要设计的简历封面及表格式简历分别如图 4-2-1 和图 4-2-2 所示。

图 4-2-1　简历封面

姓名		性别		民族	
出生年月		出生地		政治面貌	
学制		学历		毕业时间	
专业			毕业学校		
求职意向					

| 姓名、特长、爱好情况 | | | | | |

| 个人情况 | | | | | |

| 爱好特长 | | | 其他特长 | | |
| 担任职务 | | | | | |

	关系	姓名	所在单位	职务	联系电话
社会关系					

图 4-2-2　表格式简历

1．制作简历封面

（1）在页眉和页脚中添加文字及图片。

① 单击【插入】选项卡【页眉和页脚】功能区中的【页眉】按钮，弹出页面的【内置】样式，选中【空白】，如图 4-2-3 所示。

添加封面

② 在【页眉】上添加文字"江苏财经职业技术学院"，字体为"宋体"，字号为"四号"，让其居中；单击【页眉和页脚工具设计】选项卡【插入】功能区中的【剪贴画】命令按钮，弹出【剪贴画】任务窗格，在【搜索文字】栏中输入"文件夹"，单击【搜索】按钮，显示如图 4-2-4 所示，选择图片，然后单击【插入】按钮，并让其居左；最后单击【关闭】按钮。

图 4-2-3　页眉和页脚编辑状态

（2）插入艺术字。具体操作步骤如下。

① 在【插入】选项卡的【文本】功能区中单击【艺术字】按钮，弹出【艺术字库】下拉列表框，如图 4-2-5 所示。选择第 1 行第 2 列样式，然后单击【确定】按钮，如图 4-2-6 所示，将"请在此放置您的文字"删除，输入"个人简历"，字体选择"隶书"，字号为"60"，然后单击【确定】按钮。

② 选中艺术字，选择【绘图工具格式】选项卡【排列】功能区中的【位置】|【顶端居中】，如图 4-2-7 所示。

③ 在【艺术字样式】功能区中选择【文本填充】|【深蓝，文字 2】命令，则将"个人简历"的颜色设置为深蓝色。

④ 在【形状样式】功能区中选择【形状填充】|【渐变】|【其他渐变】命令，弹出【设置形状格式】对话框，如图 4-2-8 所示。将"渐变光圈"设置为双色，第一种颜色为"橙色"，第二种颜色为"白色"，然后单击【关闭】按钮。

（3）设置水印。在【页面布局】选项卡【页面背景】功能区中选择【水印】|【自定义水印】命令，弹出【水印】对话框，如图 4-2-9 所示。选中【图片水印】单选项，单击【选择图片】按钮，选择图片名为"校园"，然后单击【确定】按钮。

图 4-2-4　【剪贴画】任务窗格

（4）在文本框中输入文字。在【插入】选项卡【文本】功能区中选择【文本框】|【横排】命令，将文本框放在相应的位置，在里面写上相应的文字，字体为【华文行楷】，字号为【四号】。

图 4-2-5 【艺术字库】对话框

图 4-2-6　编辑"文字"

图 4-2-7 【绘图工具格式】功能区

图 4-2-8 【设置形状格式】对话框　　　　　图 4-2-9 【水印】对话框

2．制作表格简历

（1）设置 5 行 7 列的表格。首先，新建一个空白文档，在【插入】选项卡的【表格】功能区中选择【表格】|【插入表格】命令，弹出【插入表格】对话框，如图 4-2-10 所示。将列数改为 7，行数改为 5，然后单击【确定】按钮。

图 4-2-10 【插入表格】对话框

（2）插入行。将光标放在第 5 行的左侧，先单击左键，选中整行，然后再单击右键，在弹出的快捷菜单中选择【插入行】命令，如图 4-2-11 所示。反复单击此命令 10 次，总共插入 10 行。

如果还有一些带回车符的空白行，则在【开始】选项卡的【编辑】功能区中单击【替换】按钮，在【查找】栏中输入"＾P＾P"，在【替换】栏中输入"＾P"，最后单击【全部替换】按钮，删除多余的空白行。

图 4-2-11 【插入行】快捷菜单

图 4-2-12 【合并单元格】命令

（3）合并单元格。将前 4 行的第 7 列全部选中，然后单击右键，在弹出的快捷菜单中选择【合并单元格】命令，如图 4-2-12 所示。

（4）利用上述方法，将第 4 行的 2、3 列和 5、6 列单元格合并。

（5）利用上述方法，将第 5 行的 2～7 列单元格合并。

（6）利用上述方法，将第 6 行的所有单元格合并。

（7）利用上述方法，将第 11～5 行的第 1 列单元格合并。

（8）将光标放在第 7 行的下边框线上，这时光标就会出现"＋"标记，然后按住鼠标左键向下拖动下边框线。利用同样的方法修改第 10 行单元格的大小。

（9）拆分单元格。将光标放在第 8 行第 2 列上，然后单击右键，在弹出的快捷菜单中，选择【拆分单元格】命令，弹出【拆分单元格】对话框，如图 4-2-13 所示。按照样文要求分为 3 列，行数不变，然后单击【确定】按钮。

（10）在【表格工具|设计】选项卡的【绘图边框】功能区中单击【绘制表格】按钮，这时鼠标指针变成笔状，然后按照样文在第 11～15 行画出 5 列。之后再单击"　"按钮，这时鼠标指针又变成了鼠标状。按照样文调整列宽。

（11）表格对齐方式。选中全部表格，然后单击右键，在弹出的快捷菜单中选择【单元格对齐方式】|【水平居中】命令，如图 4-2-14 所示。

（12）按照样文添加文字，将第6行的文字加粗，其他默认为"宋体""五号"。

快速打印多页表格标题，选中表格的主题行，选择【表格】|【重复标题行】复选框。当用户预览或打印文件时，就会发现每一页的表格都有标题了。当然，使用这个技巧的前提是表格必须是自动分页的。

图 4-2-13 【拆分单元格】对话框

（13）为表格添加双线型的边框。将表格全部选中，然后单击右键，在弹出的快键菜单中选择【边框和底纹】命令，弹出【边框和底纹】对话框，切换到【边框】选项卡，如图 4-2-15 所示。在【设置】栏中选择【方框】，在【线型】栏中选择【双线型】，然后单击【确定】按钮（其他边框照此方法添加双线型的边框）。

图 4-2-14　单元格对齐方式中的【水平居中】

图 4-2-15　【边框】选项卡

（14）选择第6行单元格，单击鼠标右键，在弹出的快捷菜单中选择【边框和底纹】命令，弹出【边框和底纹】对话框，切换到【底纹】选项卡，如图 4-2-16 所示。在【填充】选项中选择底纹颜色为【橙色】，然后单击【确定】按钮。

图 4-2-16　【边框和底纹】对话框

表格是人们日常生活中经常使用的一种简明扼要的表达方式，Word 提供了强大的表格处理功能，可以排出各种复杂格式的表格。

一、创建表格

表格是一个行与列有规则排列的网格。行与列的交叉处是一个矩形框，称这些框为单元格。Word 提供了几种创建表格的方法。

方法 1：绘制表格。

（1）单击【插入】选项卡中的【表格】按钮，在弹出的下拉菜单中选择【绘制表格】命令。

（2）将鼠标指针移至编辑区，鼠标指针会变成铅笔的形状 ⟋，同时在标题栏上将出现【表格工具】以及它的【设计】和【布局】两个选项卡，如图 4-2-17 所示。

图 4-2-17 【设计】和【布局】选项卡

（3）当鼠标指针变成铅笔的形状 ⟋ 时，按住鼠标左键不放，在文档的空白处拖动就可以绘制出整个表格的外边框了。

（4）按住鼠标左键不放，从起点到终点以水平方向拖动鼠标指针，可在表格中绘制出横线。

利用步骤（4）的方法可在表格的边框内绘制水平线、垂直线和斜线，根据需求完成表格。

方法 2：用【插入表格】按钮创建表格。

利用【插入表格】按钮 ▦ 可以快速插入一个最大为 8 行 10 列的表格。下面以创建问卷调查表单为例，创建一个 7 行 7 列的表格。

（1）在【插入】选项卡的【表格】功能区中单击【表格】按钮，然后在弹出的下拉菜单中将鼠标指针移到制表选择框中，拖动过的区域变为橘红色，如图 4-2-18 所示。

图 4-2-18 【表格】按钮

（2）当制表选择框顶部显示 7×7 表格时单击，在光标处即会插入一个 7 行 7 列的表格。

方法 3：用【插入表格】对话框创建表格。

单击【插入】选项卡中的【表格】按钮，在下拉菜单中选择【插入表格】命令，弹出【插入表格】对话框，在【插入表格】对话框中进行设置。这里在【列数】文本框中输入"7"，在

图 4-2-19 【插入表格】对话框

【行数】文本框中输入"7"，在"自动调整"操作功能区中选中【固定列宽】单选按钮，如图 4-2-19 所示，单击【确定】按钮，这时在光标处也会出现一个 7 行 7 列的表格。

方法 4：插入电子表格。

在 Word 2010 中不仅可以插入普通表格，还可以插入 Excel 电子表格。操作步骤如下。

将光标定位在需要插入电子表格的位置，在【插入】选项卡中单击【表格】按钮，在弹出的下拉菜单中选择【Excel 电子表格】命令，即可在文档中插入一个电子表格，如图 4-2-20 所示。

图 4-2-20　插入 Excel 表格

方法 5：插入快速表格。

在 Word 2010 中，可以快速地插入内置表格，在【插入】选项卡的【表格】功能区中单击【表格】按钮，在弹出的下拉菜单中选择【快速表格】命令就可以选择插入表格的类型。

方法 6：文本转换为表格。

在 Word 2010 中可以用段落标记、逗号、制表符、空格或其他特定字符隔开的文本转换成表格。具体操作如下。

将光标定位在需要插入表格的位置；选定要转换为表格的文本，单击【插入】选项卡【表格】功能区中的下拉按钮，在弹出的下拉菜单中选择【文本转换成表格】命令，即弹出【将文字转换成表格】对话框，如图 4-2-21 所示。在该对话框中，对【表格尺寸】中的列数进行调整，在【文字分隔位置】选区中选择或输入一种分隔符。单击【确定】按钮即可将文本转换成表格。

图 4-2-21 【将文字转换成表格】对话框

二、表格的编辑和修改

如果用户对建立的表格格式不满意，则可以对已建立的表格做进一步修改，如移动或复制单元格，插入新的单元格、行或列，调整它们的高或宽等。

输入与编辑表
格内容

1．数据的输入

在输入信息之前，必须先定位插入点。定位光标既可以使用鼠标定位，也可以使用键盘定位。使用鼠标定位插入点，只需将鼠标指针指向要设置插入点的单元格中，单击鼠标左键即可。

2．选定表格的编辑对象

对表格对象的操作必须"先选定，后操作"，选定的对象呈高亮显示。

● 选定一个单元格：将鼠标指针指向单元格左端内侧边缘，当指针变为向右的黑色实心箭头时，单击即可。

● 选定一行：将鼠标指针指向某行左端外侧边缘，当指针变为向右的空气箭头时，单击即可。

● 选定一列：将鼠标指针指向某列顶端外侧边缘，当指针变为向下的黑色实心箭头时，单击即可。

● 选定多个单元格、多行或多列：选定一个单元格、一行或一列后，按住鼠标左键拖动（或按住"Shift"键，单击另一个单元格、一行或一列），可选定连续的单元格、行或列；选定一个单元格、一行或一列后，按住"Ctrl"键，单击另一个单元格、一行或一列，可选定不连续的单元格、行或列。

● 选定整个表格：将鼠标指针指向表格内，表格左上角外会出现 ⊞，单击该符号即可选定整个表格。

3．插入单元格、行或列

用户制作表格时，可根据需要在表格中插入单元格、行或列。

图 4-2-22 【插入单元格】对话框

（1）插入单元格。操作步骤如下。

将光标定位在需要插入单元格的位置，在【表格工具|布局】选项卡的【行和列】功能区中单击对话框启动器，弹出【插入单元格】对话框，如图 4-2-22 所示。在该对话框中选择相应的单选按钮，如选中【活动单元格右移】单选按钮，单击【确定】按钮，即可插入单元格。

（2）插入行。操作步骤如下。

将光标定位在需要插入行的位置，在【表格工具|布局】选项卡的【行和列】功能区中选择【在上方插入】或【在下方插入】选项，或者单击鼠标右键，从弹出的快捷菜单中选择【插入】|【在上方插入行】或【在下方插入行】命令，即可在表格中插入所需的行。

（3）插入列。插入列的具体操作步骤同插入行。

4．删除单元格、行或列

在制作表格时，如果某些单元格、行或列是多余的，可将其删除。

（1）删除单元格。操作步骤如下。

将光标定位在需要删除的单元格中，在【表格工具|布局】选项卡的【行和列】功能区中单击【删除】按钮，在弹出的下拉列表中选择【删除单元格】命令，或者单击鼠标右键，从弹出的快捷菜单中选择【删除单元格】命令，弹出【删除单元格】对话框，如图 4-2-23 所示。

在该对话框中选择相应的单选按钮，单击【确定】按钮，即可删除单元格。

（2）删除行或列。选中要删除的行（或列），在【表格工具|布局】选项卡的【行和列】功能区中单击【删除】按钮，在弹出的下拉列表中选择【删除行（或列）】命令，或者单击鼠标右键，从弹出的快捷菜单中选择【删除行（或列）】命令，即可删除不需要的行（或列）。

图 4-2-23 【删除单元格】对话框

5．合并单元格

在编辑表格时，有时需要将表格中的多个单元格合并为一个单元格，其具体操作步骤如下。选中要合并的多个单元格，在【表格工具|布局】选项卡中，单击【合并】功能区中的【合并单元格】按钮，或者单击鼠标右键，从弹出的快捷菜单中选择【合并单元格】命令，即可清除所选定单元格之间的分隔线，使其成为一个大的单元格。

6．拆分单元格

用户还可以将一个单元格拆分成多个单元格，其具体操作步骤如下。选定要拆分的一个或多个单元格，在【表格工具|布局】选项卡的【合并】功能区中单击【拆分单元格】按钮，或者单击鼠标右键，从弹出的快捷菜单中选择【拆分单元格】命令，弹出【拆分单元格】对话框，如图 4-2-24 所示。

在该对话框中的【列数】和【行数】微调框中输入相应的列数和行数。

如果希望重新设置表格，可选中【拆分前合并单元格】复选框；如果希望将所设置的列数和行数分别应用于所选的单元格，

图 4-2-24 【拆分单元格】对话框

则不选中该复选框。设置完成后，单击【确定】按钮，即可将选中的单元格拆分成等宽的小单元格。

7．拆分表格

有时，需要将一个大表格拆分成两个表格，以便于在表格之间插入普通文本，具体操作步骤如下。将光标定位在要拆分表格的位置，在【表格工具|布局】选项卡的【合并】功能区中单击【拆分表格】按钮，即可将一个表格拆分成两个表格。

如果要合并表格删除两表格之间的空行即可。

8．调整表格的行高和列宽

在实际应用中，经常需要调整表格的行高和列宽。下面将介绍调整表格行高和列宽的具体方法。

（1）用拖动的方法调整表格的行高和列宽。将鼠标指针定位在待调整行高的行底边线上，当鼠标指针的形状变为" "时，沿垂直方向拖动即可调整行高。将鼠标指针定位在待调整列宽的列右边线上，当鼠标指针的形状变为" "时，沿水平方向拖动即可调整列宽。

（2）用菜单命令调整表格的行高和列宽。选中需要调整的表格并右击，在弹出的快捷菜单中选择【表格属性】命令，打开【表格属性】对话框，如图 4-2-25 所示。单击行、列标签可对行高、列宽进行精确的调整。或者在【表格工具|布局】选项卡【单元格大小】功能区的【高度】或【宽度】编辑框中直接输入数值即可。

（3）自动调整表格。Word 2010 还提供了自动调整表格的功能，使用该功能，可以根据需要方便地调整表格，具体操作步骤如下。选定要调整的表格或表格中的某部分，在【表格工具|布局】选项卡的【单元格大小】功能区中单击【自动调整】按钮，弹出如图 4-2-26 所示的下拉

菜单。在该下拉菜单中选择相应的选项，对表格进行调整。

图 4-2-25 【表格属性】对话框

图 4-2-26 【自动调整】选项

三、表格的设计

表格的设计是指对表格的外观进行修饰，使表格具有精美的外观。例如，设置表格的边框和底纹、自动套用格式等。

1．设置表格的边框和底纹

可以为表格或表格中的选定行、选定列及选定单元格添加边框，或用底纹来填充表格的背景。具体操作步骤如下。

（1）将光标定位在要添加边框和底纹的表格中，在【表格工具|设计】选项卡的【表格样式】功能区中单击【底纹】按钮，在弹出的下拉列表框中设置表格底纹的颜色或者选择【其他颜色】命令，弹出【颜色】对话框，在该对话框中可选择其他颜色。

（2）在【表格工具|设计】选项卡的【表格样式】功能区中单击【边框】按钮，在弹出的下拉列表框中选择【边框和底纹】命令，或者单击鼠标右键，从弹出的快捷菜单中选择【边框和底纹】命令，弹出【边框和底纹】对话框，切换到【边框】选项卡，如图 4-2-27 所示。

图 4-2-27 【边框和底纹】对话框

在该选项卡的【设置】选区中选择相应的边框形式；在【样式】列中设置边框线的样式；在【颜色】和【宽度】下拉列表中分别设置边框的颜色和宽度；在【预览】区中设置相应的边框或者单击【预览】区中左侧和下方的按钮；在【应用于】下拉列表中选择应用的范围。设置完成后，单击【确定】按钮。

2．表格的自动套用格式

Word 2010 为用户提供了一些预先设置好的表格样式，这些样式可供用户在制作表格时直接套用，可省去许多调整表格细节的时间，而且制作出来的表格更加美观。

使用表格自动套用格式的具体操作步骤如下。

（1）将光标定位在需要套用格式的表格中的任意位置。

（2）在【表格工具|设计】选项卡的【表格样式】功能区中设置，在弹出的【表格样式】下拉列表中选择表格的样式，如图 4-2-28 所示。

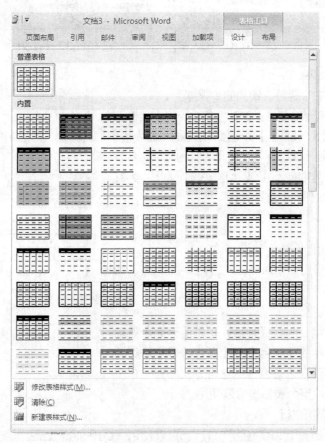

图 4-2-28　表格样式库

在此，还可以根据用户需求创建自定义表格样式，在【表格样式】下拉菜单中选择【新建表样式】命令，打开【根据格式设置创建新样式】对话框，如图 4-2-29 所示。然后，对自己的表格样式进行设计。

3．修改表格样式

在【表格样式】下拉菜单中选择【修改表格样式】命令，弹出【修改样式】对话框，如图 4-2-30 所示。在该对话框中可修改所选表格的样式。

图 4-2-29　自定义表格样式

图 4-2-30　【修改样式】对话框

4．绘制斜线表头

在 Word 2010 中绘制斜线表头的步骤如下。

将光标定位在需要绘制表头的单元格中；在【表格工具|设计】选项卡的【绘图边框】功能区中单击【绘制表格】按钮，当光标变为画笔状时即可在该单元格内绘制斜线。或是单击【表格样式】功能区中的【边框】按钮，如图 4-2-31 所示，在弹出的下拉列表中选择斜线即可。

四、拓展与技巧

1．给表格增加行

选中表格中的最后一个单元，然后按"Tab"键，即可在表格末端增加一行。

2．快速给单元格编号

选定需要进行编号的行或列后，单击【开始】选项卡【段落】功能区中的【编号】或【项目符号】按钮就可以自动对单元格逐项进行编号，这种方法不但对单个的行或列起作用，对整个表格也可以使用。

图 4-2-31　绘制表格斜线头

3．在表格顶端加空行

要在表格顶端加一个非表格的空白行，可以使用"Ctrl+Shift+Enter"组合键通过拆分表格来完成。但当表格位于文档的最顶端时，有一个更为简捷的方法，就是先把插入点移到表格的第一行的第一个单元格的最前面，然后按"Enter"键，就可以添加一个空白行。

4．Word 表格操作的常用技巧

将鼠标指针放在表格内的任一列框线上，此时指针将变成等待手工拖动的形状，按住鼠标左键，同时按住"Alt"键，标尺上将出现每列具体的宽度；将鼠标指针置于表格列的分割线上双击，可以使左边一列的列宽自动适应单元格内文字的总宽度（注意：如果表格列中没有文字，此法无效；如果文字过长，当前列将自动调整为页面允许的最适宽度，调整后如果继续在分隔线上双击，列宽还能以字符为单位继续扩大一定的范围）。

5. 用"+""-"号巧制表格

利用键盘上的"+"与"-"号制作表格，有时会给我们带来更高的效率。在制作前首先得明白"+"号表示下面将产生一列线条，而"-"号起到连线的作用。只利用键盘上的"+"号和"-"号来快速完成表格制作的具体操作方法如下。

首先，在要插入表格的地方输入"+"号，用来制作表格顶端的线条；然后，再输入"-"号，用来制作横线（也可以连续输入多个"-"号，"-"号越多表格越宽）；接着，再输入一些"+"号（"+"号越多，列越多）。完成后按回车键，便可以马上得到一个表格。

小提示　用此方法制作出的表格只有一行，若需制作出多行的表格，则可将光标移到表格内最后一个回车符号前，按"Tab"键或回车键，即可在表格后插入行。

6. 表格中数值型数据按小数点对齐

假设我们要将编辑的表格中的某一列数字按小数点对齐，具体操作方法是：选中需要按小数点对齐的这一列；执行【表格】|【制表位…】命令，此时弹出制表位对话框，在制表位位置中键入所需要的度量值，在对齐方式中选择【小数点对齐】，在前导符中选择【无】，单击【确定】按钮，此时就会发现选中的数字已经都按小数点对齐了。

7. 表格计算

Word 2010 的表格具有一定的计算功能，有些通过计算可以得到的数据不必进行输入，只要定义好公式就能将结果计算在表格中，经过公式计算所得到的结果是一个域，当公式中的源数据发生变化，结果经过更新也会随之改变。

（1）单元格、单元格区域。一个表格是由若干行和若干列组成的一个矩形的单元格阵列。单元格是组成表格的基本单位。单元格地址是由行号和列标来标识的，列标在前，行号在后。列标用 A、B、C、…、Z、AA、AB、…、AZ、BA、BB…表示，最多达 63 列；行号用 1、2、3…表示，最多可达 32 767 行，所以一张 Word 表格最多可有 32 767×63 个单元格。

单元格区域的表示方法是在该区域左上角的单元格地址和右下角的单元格地址中间加一个冒号"："，如 A1:B6、B3:D8、C3:C7 等。

（2）表格计算。Word 2010 的计算功能通过公式来实现。下面以表 4-2-1 为例，介绍表格的计算方法。

表 4-2-1　学生成绩表

科目＼姓名	语文	数学	英语	总成绩	平均成绩
李华文	97	85	88	270	
林宋权	89	76	87	252	
高玉成	100	89	94		
陈青	88	88	76		
李忠	87	79	80		

在表中，总成绩=语文+数学+英语，计算方法如下。单击 E2 单元格，计算"李华文"的总成绩。选择【表格工具|布局】|【数据】|【公式】命令，打开如图 4-2-32 所示的对话框。

在【公式】文本框中可看到求和计算公式"=SUM(LEFT)"。单击【确定】按钮，关闭【公式】对话框，即可计算 E2 单元格的值。这样就算出了李华文的总成绩。

下面来计算"林宋权"的总成绩，计算方法如下。单击 E3 单元格，打开【公式】对话框。在【公式】文本框中可看到计算公式"= SUM(ABOVE)"，将其改为"=SUM(LEFT)"或"=B3+C3+D3"或"SUM(B3:D3)"。

图 4-2-32 【公式】对话框

小提示

计算总和时，可以从下向上求总和，系统默认的函数参数为 LEFT。

计算平均成绩的方法与计算总成绩的方法基本类似，只是使用的函数应改为 AVERAGE，读者可以自己尝试。

使用公式时，应特别注意以下问题。

（1）在公式中可以采用的运算符包括+、−、*、／等。公式前面的"="一定不能遗漏。

（2）输入公式应注意在英文半角状态下输入，字母不分大小写。

（3）输入公式时，应输入该单元格的地址，而不是单元格的具体数值。而且参加计算的应是数值型数据。

（4）公式中可以使用函数，只要将需要的函数粘贴到公式中并填上相应的参数即可。

（5）Word 2010 的表格计算包括 3 个函数参数，分别是 ABOVE、LEFT、RIGHT，用来指示运算的方向。ABOVE 表示对当前单元格以上的数据进行计算；LEFT 表示对当前单元格左边的数据进行计算；RIGHT 表示对当前单元格右边的数据进行计算。

（6）如果该单元格中已包含数据，应先清除后再输入公式。如果输入的公式有错误，应先将错误信息清除后再输入公式。

五、创新作业

（1）制作一张销售凭证。

销售凭证

年　　月　　日

商品名称	数量	规格	单位	单价	金额								
合计金额（小写）：													
总计金额（大写）：		佰	拾	万	仟	佰	拾	元	角	分			

开票：　　　　　　收款：　　　　　　记账：

（2）制作一张课程表。

（3）制作一份产品报价单。

课　程　表

课时 ＼ 日期		星期一	星期二	星期三	星期四	星期五
上午	第1节					
	第2节					
	第3节					
	第4节					
下午	第5节					
	第6节					
	第7节					
	第8节					

任务三　公司招聘简章制作——图文混排

公司招聘人才，一般需要写招聘简章，告知想要应聘的人。一般的写法如下：①招聘启事名称，如"某公司财务经理招聘启事"等；②公司介绍、公司发展规划，以及其他（重点说公司前景好）；③应聘条件（降低门槛，择其优）；④待遇（重要）；⑤联系方式。如果需要还可以添加其他项目。

企业招聘简章是公司人事部门常用的一种办公文档，它在内容上是对公司及公司招聘人员和相关待遇的描述，但是为了在发布过程中引人注目，在制作的过程中，除了注意在文本上表述清楚外，在版面的设置上应该清晰、醒目。制作如图 4-3-1 所示的公司招聘简章。

图 4-3-1　公司招聘简章效果图

一、设置文字格式

1．设置页眉和页脚

（1）在【插入】选项卡的【页眉和页脚】功能区中单击【页眉】按钮，在弹出的下拉菜单的【内置】样式中选择【空白】选项，在【页眉】上添加文字"中国石油淮安销售分公司招聘简章"，字体为"仿宋"，字号为"四号"，设置其左对齐，如图4-3-2所示。

图4-3-2 页眉和页脚编辑状态

（2）在【页眉和页脚工具|设计】选项卡的【插入】功能区中单击【剪贴画】按钮，弹出【剪贴画】任务窗格，在【搜索文字】栏中输入"工业"，单击【搜索】按钮，如图4-3-3所示，选择图片，然后单击【插入】按钮，并适当调整图片的大小，最后单击【关闭】按钮。

（3）在图片的旁边写上文字及英文并将其选中，在【开始】选项卡的【段落】功能区中单击【中文版式】按钮，在弹出的下拉菜单中选择【双行合一】命令即可，调整文字的大小(中文为1号，英文为2号)，如图4-3-4所示。

（4）单击【段落】功能区中的的居左按钮，将文字及图片同时居左。然后再单击【转至页脚】按钮，完成页眉和页脚间的切换，这时就切换到页脚了，在页脚中输入文字"江苏淮安分公司"，让其居右，单击【关闭页眉和页脚】按钮。

图4-3-3 【剪贴画】任务窗格

2．设置分栏

选中第一段，在【页面布局】选项卡的【页面设置】功能区中单击【分栏】按钮，在弹出的下拉菜单中选择【更多分栏】命令，打开【分栏】对话框，如图4-3-5所示。在【预设】栏中选择【左】，选中【分隔线】复选框，然后单击【确定】按钮。

3．设置首字下沉

将第一段中的"中"选中，单击【插入】|【文本】|【首字下沉】按钮，在弹出的下拉菜单中选择【首字下沉选项】命令，弹出【首字下沉】对话框，如图4-3-6所示。选择位置为【下沉】，字体为【楷体】，下沉行数为2，然后单击【确定】按钮。

图 4-3-4 "双行合一"的页眉

图 4-3-5 【分栏】对话框

图 4-3-6 【首字下沉】对话框

4．设置字体

（1）将第一段中的"油品的批发、零售业务"选中，单击右键，在弹出的快捷菜单中选择【字体】命令，在【着重号】中选择【•】，单击【确定】按钮。

（2）将第一段的最后一句"公司机关下设……五科一室"选中，单击右键，在弹出的快捷菜单中选择【字体】命令，在【下划线型】上选择波浪线，然后单击【确定】按钮。

5．设置段落

将文档中的第二段选中，然后单击右键，在弹出的快捷菜单中选择【段落】命令，弹出【段落】对话框，如图 4-3-7 所示。在【缩进和间距】选项卡中，将【间距】中的【段后】0 行改为 12 磅，行距改成【1.5 倍行距】，然后单击【确定】按钮。再次将其选中，在【开始】选项卡的【字体】功能区中单击【倾斜】按钮，使字形变得倾斜。

设置段落
对齐方式

6．设置边框和底纹

（1）将文档中的第二段选中，然后打开【边框和底纹】对话框。在【边框】选项卡中将边框设置为【阴影】，将线型颜色设置为【黄色】；在【底纹】选项卡中将底纹填充为【白色】，然后单击【确定】按钮。

（2）将第三段中的"根据工作需要，我公司面向社会……关事宜公告如下："选中，打开【边框和底纹】对话框，如图 4-3-8 所示。在【边框】选项卡中选择【方框】，线型选择第 3 种虚线，然后单击【确定】按钮。

7．设置脚注和尾注

将光标放在第二段第一个字的前面，然后单击【引用】|【脚注】|【插入脚注】按钮，则在页面底端出现一条横线，在横线的下方写上注释的文字。

图 4-3-7 【段落】对话框　　　　　　　　　　　　图 4-3-8 【边框和底纹】对话框

8．设置查找、替换

在【开始】选项卡的【编辑】功能区中单击【查找】按钮，在弹出的下拉菜单中选择【高级查找】命令，出现【查找和替换】对话框，如图 4-3-9 所示。在【替换】选项卡的【查找内容】文本框中输入"员"字，在【替换为】文本框中输入"圆"字，单击【更多】按钮，这时出现替换的【格式】按钮。将【替换内容】文本框中的"员"字选中，单击【格式】按钮，在弹出的下拉菜单中选择【字体】，弹出【字体】对话框，将文字的颜色设置为红色，然后单击【确定】按钮，回到【查找和替换】对话框中，单击【全部替换】按钮，即可实现全部替换。

9．设置项目符号和编号

将招聘条件中的 5 个条件都选中，然后单击【段落】功能区中【项目符号】右侧的向下箭头按钮，弹出【项目符号库】列表框，如图 4-3-10 所示。选择项目符号，然后单击【确定】按钮。

图 4-3-9 【查找和替换】对话框　　　　　　图 4-3-10 【项目符号库】列表框

二、设置图形格式

1．插入图片

在【插入】选项卡的【插图】功能区中单击【图片】按钮，弹出【插入图片】对话框，如图 4-3-11 所示。找到名称为"机器"的图片，然后单击【插入】按钮。

选中该图片，在【图片工具|格式】选项卡的【排列】功能区中单击【位置】按钮，在弹出的下拉菜单中选择【其他布局选项】命令，打开【布局】对话框。切换到【文字环绕】选项卡，选择【四周型环绕】，然后将图片放在如图 4-3-1 所示的位置。

2．设置艺术字

在【插入】选项卡的【文本】功能区中单击【艺术字】按钮，弹出【艺术字库】列表框，如图 4-3-12 所示。在艺术字库中选中第 3 行第 1 列即可，输入文字"公司招聘"，其他设置为默认，选中艺术字，同样打开【布局】对话框。切换到【文字环绕】选项卡，选择【四周型环绕】，最后将艺术字放在适当的位置上。

图 4-3-11 【插入图片】对话框　　　　图 4-3-12 【艺术字库】列表框

3．设置 3 个自选图形

在【插入】选项卡的【插图】功能区中单击【形状】按钮，在弹出的下拉列表中选择【星与旗帜】中的【八角星】，然后在相应的位置画出图形，将其选中并单击右键，在弹出的快捷菜单中选择【设置形状格式】命令，弹出【设置形状格式】对话框，切换到【填充】选项卡，选中【渐变填充】单选按钮，移动【渐变光圈】的横栏或单击【增加渐变光圈】按钮，在【颜色】栏中设置第一种颜色为白色，第二种颜色为橙色；单击【关闭】按钮。

在【形状】列表中选择【星与旗帜】中的【横卷形】图形，然后在文档的下方画出，将其选中，单击右键，在弹出的快捷菜单中选择【添加文字】命令，按照图 4-3-1 将英文进行录入。

三、绘制图形

Word 2010 中可以使用【插入】选项卡【插图】功能区中的【形状】按钮来绘制各种图形。单击【形状】按钮，在下拉菜单中可以看到可绘制的各种形状，包括线条、基本形状、箭头总汇、流程图、星与旗帜等。单击与所需形状相对应的图标按钮，然后在页面中拖动鼠标指针，即可绘制出所需的图形，并自动在功能区中显示【绘图工具|格式】选项卡。【绘图工具|格式】选项卡中各组工具的具体功能说明如下。

- 插入形状：用于插入图形，以及在图形中添加和编辑文本。
- 形状样式：用于更改图形的总体外观样式。

- 艺术字样式：用于更改艺术字的样式。
- 文本：用于更改文本格式。
- 排列：用于指定图形的位置、层次、对齐方式以及组合和旋转图形。
- 大小：用于指定图形的大小尺寸。

例如，制作一张生日贺卡时，为了让标题更加醒目漂亮，常常要为贺卡的标题做一个衬底，操作步骤如下。

（1）单击【插入】选项卡中的【形状】按钮，在其下拉列表中选择【星与旗帜】栏中的【爆炸型2】图形，如图4-3-13所示。

图4-3-13　选择形状

（2）将鼠标指针移至贺卡上，这时指针变成了"+"形状。在想要插入的地方按住鼠标左键不放，拖动鼠标指针到适当的位置，然后松开鼠标左键，如图4-3-14所示。其效果如图4-3-15所示。

图4-3-14　拖动鼠标指针到适当的位置

图4-3-15　释放鼠标左键后的效果

四、艺术字

艺术字是指具有艺术效果的文字，如带阴影的、扭曲的、旋转的和拉伸的文字等。

1. 插入艺术字

单击【插入】选项卡中的【艺术字】按钮。在其下拉列表中选择一种艺术字样式，如图 4-3-16 所示，弹出放置文字的文本框，如图 4-3-17 所示，输入文字"生日快乐!"，这时"生日快乐!"字样的艺术字将出现在文档中。

图 4-3-16　单击【艺术字】按钮

图 4-3-17　【编辑艺术字文字】文本框

2. 设置艺术字格式

为了使插入的艺术字与文档更协调、字体更美观，下面进行艺术字格式的设置。

（1）选中艺术字，在【艺术字样式】功能区中单击【文本填充】按钮，将颜色设置为【红色】，如图 4-3-18 所示。

（2）在【格式】选项卡中，单击【位置】功能区中的【其他布局选项】按钮，弹出【布局】对话框，如图 4-3-19 所示，在【文字环绕】选项卡中，选择【浮于文字上方】版式选项，单击【确定】按钮。

图 4-3-18　设置艺术字颜色

图 4-3-19　【布局】对话框

五、文本框

在文档中使用文本框可以将文字或其他图形、图片、表格等对象在页面中独立于正文放置，并方便定位。文本框中的内容可以在框中进行任意调整。Word 2010 内置了一系列具有特定样式的文本框。

1．插入文本框

单击【插入】选项卡中的【文本框】按钮，在下拉菜单中单击【内置】栏中所需的文本框图标即可。如果要插入一个无格式的文本框，可选择【绘制文本框】或【绘制竖排文本框】命令，然后在页面文档中拖动鼠标指针绘制出文本框。

2．取消文本框

在文本框中输入文字并对文本进行格式设置的操作步骤如下。

（1）选中文本框，在文本框中输入文字。

（2）输入文字之后，再一次选中文本框，在【格式】选项卡中设置形状轮廓为【无轮廓】，如图 4-3-20 所示。

图 4-3-20 【格式】选项卡

图 4-3-21 【插入图片】对话框

六、图片

在 Word 2010 中可以插入多种格式的图片，如 bmp、tif、pic、pcx 等。

1．插入图片

（1）单击【插入】选项卡中的【图片】按钮。

（2）弹出【插入图片】对话框，在图片库中找到一个合适的图片，如图 4-3-21 所示。

（3）单击【插入】按钮，图片就被插入到文档中了。

2．调整图片

选择插入的图片，Word 2010 会在功能区中自动显示【图片工具|格式】选项卡，可对图片进行各种调整和编辑。

【图片工具|格式】选项卡中各组工具的功能说明如下。

● 【调整】功能区：用于调整图片，包括更改图片的亮度、对比度、色彩模式，以及压缩、更改或重设图片。

- 【图片样式】功能区：主要用于更改图片的外观样式。
- 【排列】功能区：用于设置图片的位置、层次、对齐方式，以及组合和旋转图片。
- 【大小】功能区：主要用于指定图片大小或裁剪图片。

七、SmartArt 图形

SmartArt 图形用于在文档中演示流程、层次结构、循环或关系。它包括水平列表、垂直列表、组织结构图、射线图与维恩图等，如图 4-3-22 所示。

插入 SmartArt
图形

图 4-3-22　SmartArt 图形

这里以插入一个层次结构的图形来说明 SmartArt 的基本用法。

（1）在【插入】选项卡的【插图】功能区中单击 SmartArt 按钮，打开【选择 SmartArt 图形】对话框。

（2）选择左边列表中的【层次结构】选项，在中间列表框中选择【水平层次结构】，如图 4-3-23 所示，然后单击【确定】按钮。

图 4-3-23　选择【水平层次结构】选项

（3）对于这个层次结构，需要输入具体的层级关系。可以看到 Word 2010 提供了良好的输入界面，只需要在左侧的提示窗格中输入内容就可以对应地完成相应的层级项目。输入的内容立刻就可以显示在图表中，如图4-3-24所示。

（4）输入完成后将左侧窗格关闭，在层次结构图形外的空白区双击，一个SmartArt图形就创建完成了。

图4-3-24　输入具体的层次关系

八、图表

Word 2010在数据图表方面有了很大改进，可以在数据图表的装饰和美观方面进行专业级的处理。下面以一个实例介绍图表的使用。在这个例子中，我们要将一年的平均温度变化用折线图表示出来，如表4-3-1所示。

表4-3-1　一年的平均温度变化

时间	1月	2月	3月	4月	5月	6月	7月	8月	9月	10月	11月	12月
月平均温度/℃	6	7	11	15	20	26	30	33	29	22	16	10

Word 2010图表的制作步骤如下。

（1）选择图表类型。单击【插入】选项卡【插图】功能区中的【图表】按钮，打开如图4-3-25所示的对话框。选择【折线图】选项中的第4个图形，如图4-3-26所示。单击【确定】按钮，屏幕右侧会出现根据选择的图表类型而内置的示例数据，如图4-3-27所示。

（2）整理原始数据。将表4-3-1中的数据输入到右侧的Excel表格中，系统将自动绘制出相应的折线图，如图4-3-28所示。

图4-3-25　【插入图表】对话框

图4-3-26　选择一个折线图

图 4-3-27　内置示例数据和对应的折线图　　　　　　图 4-3-28　数据输入格式

（3）图表布局。通常图表都要有横坐标、纵坐标和曲线的标目，要显示标目，在【设计】选项卡的【图表布局】功能区中选择一种布局，这里选择"布局 10"，并将横坐标和纵坐标的标目改为"月份"和"温度"，如图 4-3-29 所示。

图 4-3-29　温度变化图

九、拓展与技巧

1．取消波浪线

录入文章时在文字下经常出现红色或绿色的波浪线，这是 Word 自带的拼写检查功能在发挥作用。不可否认，有时该功能确实有用，但是有些地方明明没错也可能有波浪线出现。如何将它去除呢？在【Word 选项】对话框中将【键入时检查拼写】、【键入时标注语法错误】、【随拼写检查语法】的复选框统统取消勾选，然后勾选 3 个前面有"忽略"两个字的选项，最后单击【确定】按钮即可。

2．快速取消自动编号

虽然 Word 中的自动编号功能较强大，但是发现自动编号命令常常出现错乱现象。为了快速取消自动编号，可以按下"Ctrl+Z"组合键，此时自动编号会消失，而且再次键入数字时，该功能就会被禁止。

3．如何输入动态文本

Word 文档中可以使用动态文本。方法如下：选定目标文本，在【字体】对话框中选中【文字环绕】选项卡，在【动态效果】列表框中选择所需效果。

4．在 Word 中插入当前的日期和时间

用户可以随时使用快捷键在 Word 文档中插入当前的日期或时间。方法很简单，只需要将光标置于需要插入日期或时间的位置，按下"Alt+Shift+D"组合键即可插入日期，而按下"Alt+Shift+T"组合键可插入当前时间。用户也可以单击【插入】选项卡中的【日期和时间】来完成同样的工作。

5．文本框的定位

如果用 Word 编排报纸，将一篇文章分解成几部分，还想使这几部分合成为一个整体，任何一处增删了文字，都可以自动重新排版，则其解决办法就是利用文本框的链接，在不同版面的相应位置画好文本框，然后依次建立链接即可。具体步骤：先将光标放到一个文本框的边上，当鼠标变成移动光标时单击右键，在弹出的快捷菜单中选择【创建文本框链接】命令，鼠标变成了酒杯的形状，将这个"酒杯"移动到另一个文本框上，"酒杯"就变成了倾倒的样子，单击左键，就创建了两个文本框之间的链接。把原来的文字复制进来，就可以看到文字在文本框之间自动链接了。

十、创新作业

参考图 4-3-30 制作小报。（主题自选）。

图 4-3-30　小报效果图

任务四　奖状制作——邮件合并

在学院举行的多媒体制作大赛中，许多学生获得了优异的成绩。学院将给获得奖项的学生发奖状，以资鼓励。制作奖状的任务由计算机技术与艺术设计的教务员高老师担任，高老师遇到了一个难题：学院要求根据已有的学生获奖情况表，给每位获奖的学生发奖状。高老师一看内容和格式基本相同，二话不说将"奖状"复制了上百份，但接下来的事却让他发了愁，要把每位学生所在的系名、姓名及奖项填进去，并不是一件轻松的事情，不仅花时间，更重要的是极易出错！正当他一筹莫展时，曹老师进来了，经过曹老师的一番指点，高老师很快完成了任务。那曹老师教了高老师什么办法呢？

曹老师利用Word中提供的【邮件合并】功能，首先保留奖状中不变换的内容，作为主文档，如图4-4-1所示。将"学生获奖情况表"作为数据源，如图4-4-2所示。再将奖状中变化的部分作为合并域。经过这三步，很快就制作出了学生奖状，不仅节省时间，更重要的是准确可靠！

图 4-4-1　主文档

年级	班级	姓名	奖项
2008	网络-1	刘利	一等
2007	计算机应用-1	李思	二等
2009	软件-1	王永	三等
2010	网络-2	张虎	二等

图 4-4-2　学生获奖情况表

邮件合并就是在主文档的固定内容中，合并与发送信息相关的一组数据源，从而批量生成需要的邮件合并文档。邮件合并进程涉及3个文档：主文档、数据源和合并文档。要完成基本邮件合并进程，用户必须按照下列步骤操作：

第1步为打开或创建一个主文档，在Word 2010的邮件合并操作中，该文档包含对于合并文档的每个版本都相同的文本和图形；

第2步为使用独特的收件人信息打开或创建数据源，该文件包含要合并到文档中的信息；

第3步为在主文档中添加或自定义合并域，合并域是用户在主文档中插入占位符；

第4步为在主文档中合并来自数据源的数据，创建一个新的合并文档，合并文档是用户将邮件合并主文档与地址列表合并后得到的结果文档。结果文档可以是打印结果文档或包含合并结果的新的Word 2010文档。

Word 2010使用向导来指导用户完成所有步骤，从而使邮件合并变得容易。

任务实现方法如下。

1．主文档制作

（1）新建一个空白文档，首先进行页面设置，选择【页边距】选项卡，将文档的"上""下"页边距均改为"3厘米"，"左""右"页边距均改为"4厘米"，方向选择"横向"。再选择【纸张】选项卡，"纸张大小"为"B5"，其他设置保持默认选项不变，如图4-4-3所示。

（2）输入文字。输入如图4-4-1所示的4段文字，将字体设置为"楷体"，字号为"四号"，字形为"加粗"，行距设置为"1.5倍行距"。第一、二段分别为首行缩进2字符，第三、四段设为右对齐。适当调整文字在文档中的位置。

（3）为文档添加背景颜色。在【页面布局】选项卡的【页面背景】功能区中单击【页面颜色】按钮，弹出如图4-4-4所示的【颜色】选项卡，设置背景颜色为"深红色"。

图 4-4-3　【页面布局】选项卡

图 4-4-4　【颜色】选项卡

（4）插入自选图形。插入【星与旗帜】图形中第2行第2列的【前凸带形】，如图4-4-5所示。在文档的上方拖动鼠标绘制出一个大小合适的图形。

（5）选中自选图形并单击右键，在弹出的快捷菜单中选择【设置形状格式】命令，弹出【设置形状格式】对话框，如图4-4-6所示。在【填充】选项卡中选中【纯色填充】单选按钮，颜色设置为"橙色"，线条颜色选择"无线条颜色"，设置环绕方式为【四周型文字环绕】。

图4-4-5 【自选图形】列表　　　　　　　图4-4-6 【设置形状格式】对话框

（6）右击图片，在弹出的快捷菜单中选择【添加文字】命令，然后输入文字"奖状"即可。奖状的主文档就制作完成了。

2．数据源的制作

首先新建一个空白文档，打开【插入表格】对话框，如图4-4-7所示。将列数改为4，行数改为12，然后单击【确定】按钮。

这时，在页面上出现了4列12行的表格，如图4-4-2所示，输入文字，最后保存文档，文件名为"获奖名单"。

3．合并文档

（1）打开主文档，在【邮件】选项卡的【开始邮件合并】功能区中单击【选择收件人】按钮，在弹出的下拉菜单中选择【使用现有列表】命令，出现如图4-4-8所示的【选取数据源】对话框，选择准备好的数据源文档，单击【打开】按钮即可。

（2）编辑收件人列表，单击【开始邮件合并】功能区中的【编辑收件人列表】按钮，打开【邮件合并收件人】对话框，如图4-4-9所示。选择获奖人名单，勾选前面的复选框。

图4-4-7 【插入表格】对话框

图 4-4-8 【选取数据源】对话框

图 4-4-9 【邮件合并收件人】对话框

（3）插入合并域，将光标定位到"年级"前面，单击【编写和插入域】|【插入合并域】按钮，选择"年级"，同上将光标定位到"班级"前面插入"班级域"，依次插入"姓名域""奖项域"。

（4）单击【预览结果】按钮，查看合并后的效果。

（5）最后单击【完成合并】|【编辑单个文档或打印文档】按钮即可。

邮件合并功能是 Word 2010 中一个非常特别的功能，它在很多时候都能派上用场。具体说来，邮件合并就是在文档的固定内容中，合并与发送信息相关的一组数据源，从而批量生成需要的邮件文档。

邮件合并过程需要执行以下所有步骤。

（1）设置主文档。主文档包含每封电子邮件中都相同的文本和图形，如公司的徽标或邮件正文。

（2）创建数据源。将电子邮件文档连接到地址列表。地址列表是 Word 在邮件合并中使用的数据源。它是一个文件，其中包含要向其发送邮件的电子邮件地址。

（3）调整收件人列表或项列表。Word 为地址列表中的每个电子邮件地址生成一封邮件。如果要只为地址列表中的某些电子邮件地址生成邮件，则可选择要包括的地址或记录。

（4）将称为邮件合并域的占位符添加到电子邮件文档中。在执行邮件合并时，在邮件合并域内填入地址列表中的信息。

（5）预览并完成合并。用户可在发送所有邮件前预览每封邮件。

一、主文档与数据源

1．主文档

主文档就是在邮件合并中具有相同合并要求的文档。如套用信函中的寄信人地址和称呼。

使用邮件合并功能制作一个统一格式但不同数据的录取通知书，内容按图 4-4-9 进行输入，并按要求打印出来，取名为"录取通知书"主文档。

2．数据源

数据源是包含要合并到文档中的信息的文件，如要在邮件合并中使用的名称和地址列表。只有连接到数据源，才能使用数据源中的信息。数据源必须是表格，第一行为域名即需要合并的内容；表格可以是 Word 表格或 Excel 表格。

二、应用邮件合并功能

（1）在【邮件】选项卡的【开始邮件合并】功能区中单击【开始邮件与合并】按钮，在弹出的下拉菜单中选择【邮件合并分步向导】命令。

（2）弹出【邮件合并】任务窗格 1，如图 4-4-10 所示。在【选择文档类型】中选中【信函】单选按钮，单击【下一步：正在启动文档】按钮。

（3）在【选择开始文档】中选中【使用当前文档】单选按钮，如图 4-4-11 所示，继续单击【下一步：选取收件人】按钮。

（4）在【选取收件人】项目中选中【键入新列表】单选按钮，如图 4-4-12 所示，然后单击【创建】按钮。

图 4-4-10【合并邮件】任务窗格 1　　图 4-4-11【邮件合并】任务窗格 2　　图 4-4-12　键入新列表

（5）在图 4-4-13 所示的【新建地址列表】对话框中单击【自定义列】按钮。

图 4-4-13 【新建地址列表】对话框

（6）打开图 4-4-14 所示的【自定义地址列表】对话框，在对话框中通过【添加】或【删除】按钮将数据源中的项目改为适合要求的域名。在此可添加"姓名""分院""专业"和"日期"，并通过"上移"或"下移"将其调整到图 4-4-14 所示的位置。

（7）单击【确定】按钮，返回"新建地址列表"，输入录取学生的信息，在完成每一个条目的输入后，单击【新建条目】按钮，增加新的条目。

（8）在地址列表编辑完成后，单击【关闭】按钮，在弹出的【保存通讯录】对话框中输入文件名，单击【保存】按钮之后自动打开图 4-4-15 所示的【邮件合并收件人】对话框，可在此对话框中对所录入的学生信息进行修改，单击【确定】按钮。

图 4-4-14 【自定义地址列表】对话框

图 4-4-15 【邮件合并收件人】对话框

（9）在图 4-4-12 所示的【邮件合并】任务窗格 3 中，单击【下一步：撰写信函】按钮，然后在通知书正文中选中需要输入的姓名、分院、专业、日期的位置，单击【其他项目】按钮，打开【插入合并域】对话框，如图 4-4-16 所示。选择对应的项目，单击【插入】按钮，生成如图 4-4-17 所示的插入合并域后的效果。

（10）关闭【插入合并域】对话框，并在【邮件合并】任务窗格中单击【下一步：预览信函】按钮。

（11）在【邮件合并】任务窗格中单击收件人旁边的左右两个按钮，预览生成多个录取通知书，单击【下一步：完成合并】按钮。单击【邮件合并】任务窗格中的【编辑单个信函】|【合

并到新文档】按钮，如图 4-4-18 所示，得到利用邮件合并生成的录取通知书。

图 4-4-17　插入合并域后的效果

图 4-4-16　【插入合并域】对话框

图 4-4-18　利用邮件合并生成的录取通知书

三、预览结果

单击【预览结果】按钮，查看合并后的效果。最后单击【完成合并】按钮，在弹出的下拉菜单中选择【编辑单个文档或打印文档】命令即可。

四、拓展与技巧

1．用一页纸打印多个邮件

利用 Word 的"邮件合并"功能可以批量处理和打印文件。很多情况下邮件很短，只占几行的空间，但是，打印时也要用整页纸，导致打印速度慢，并且浪费纸张。造成这种结果的原因是每个邮件之间都有一个分节符，使下一个邮件被指定到另一页。怎样才能用一页纸打印多个短小的邮件呢？其实很简单，先将数据和文档合并到新建文档，再把新建文档中的分节符（＾b）全部替换成人工换行符（＾1）（注意此处是小写英语字母 1，不是数字 1）。具体做法是利用 Word 的【查找和替换】命令，在【查找和替换】对话框的【查找内容】框中输入"＾b"，在【替换为】框中输入"＾1"，单击【全部替换】，此后即可在一页纸上打印出多个邮件。

2．一次合并出内容不同的邮件

有时，需要给不同的收件人发送内容大体一致，但是有些地方有所区别的邮件。如寄给家长的"学生成绩报告单"，它根据学生总分不同，在不同的报告单中写上不同的内容，总分超过290 分的学生，在报告单的最后写上"被评为学习标兵"，而对其他的学生，报告单中则没有这一句。怎样用同一个主文档和数据源合并不同的邮件？这就要用到"插入 Word 域"，在邮件中需在出现不同文字的地方插入"插入 Word 域"中的"if…then…else(I)…"语句。以"学生成绩报告单"为例，具体做法是将插入点定位到该文档正文末尾，单击【编写和插入域】功能区中的【规则】按钮，在弹出的下拉菜单中选择【如果…那么…否则(I) …】命令，在出现的对话框中填入相应的内容，单击【确定】按钮。有时可根据需要在两个文本框中写入不同的语句，这样就可以用一个主文档和一个数据源合并不同内容的邮件。

3．公式编辑

在教学或考核过程中要使用试卷，特别是数学教师还要在试卷中输入各种数学公式，而许多专业的数学符号在 Word 文档中没有办法输入，有时候要借助"公式编辑器"来完成。

根据试卷的特点，设计页面布局、固定格式的内容，按要求录入相应内容，保存为模板以备将来出卷使用。具体步骤如下。

（1）新建一个空白文档。

（2）单击【插入】|【页眉或页脚】|【页眉】按钮。在页眉处输入"江苏财经职业技术学院数学专用纸"，选择相应的字形、字号，单击【关闭页眉或页脚】按钮。

（3）输入标题后按回车键，定位光标至"一、填空题"按回车键。单击【插入】|【符号】|【公式】按钮，在图 4-4-19 所示的下拉菜单中选择【插入新公式】(或【内置】公式)命令。

（4）输入数学公式"1. 已知 $\lim\limits_{x\to0}\dfrac{\sin kx}{x}=2$，则 $k=$＿＿＿。"

先输入"1. 已知"，单击【公式工具|设计】|【结构】|【极限和对数】中的" $\lim\Box$ "按钮，单击下面的虚框输入" $x\to0$ "，单击右边的虚框，选择【分数】|【分数(竖式)】命令，输入分子为"sinkx"，分母为"x"，将光标定位于分式右边输入"=2，则 $k=$＿＿＿。"即可。下划线的输入方法是在英文输入状态下按"Shift+-"组合键。

图 4-4-19 【公式】选项列表框

4．使用 Word【域】插入公式

将光标定位到需要输入公式的位置，单击【插入】|【文本】|【文本部件】按钮，在弹出的下拉菜单中选择【域】命令，打开【域】对话框。如图 4-4-20 所示，在【类别】中选择【等式和公式】,【域名】选择【Eq】，单击【公式编辑器】按钮进入编辑公式界面。

图 4-4-20 【域】对话框

五、创新作业

（1）制作家长通知单，如图 4-4-21 所示。

温馨提示：邮件合并的步骤如图 4-4-22 所示。

① 建立主文档（即信函中不变的部分）。

② 建立数据源（可以先建立数据表格，在此处打开，如"学生成绩表"）。

③ 插入合并域（将数据源中的内容以域的形式插入到主文档中）。

（2）制作如下的数学试题。

① 函数 $y = x + 2\sin x$ 在区间 $\left[\dfrac{\pi}{2},\ \pi\right]$ 上的最大值为_____。

② $\displaystyle\int_{-2}^{2}\left(|x| + x\right)\mathrm{e}^{-|x|}\mathrm{d}x =$ _____。

③ 计算二重积分 $I = \displaystyle\iint_{D} \mathrm{e}^{-y^2}\mathrm{d}x\mathrm{d}y$，其中 D 是由 $x=0$、$y=1$ 及 $y=x$ 所围成的区域。

④ 若 $f(x) = \begin{cases} \dfrac{1 - \mathrm{e}^{\sin x}}{\tan^{-1}\dfrac{x}{2}}, & x > 0 \\[2mm] a\mathrm{e}^{2x} - 1, & x \leqslant 0 \end{cases}$ 是 $(-\infty, +\infty)$ 上的连续函数，则 $a =$ _____。

图 4-4-21 家长通知单

⑤ 计算定积分 $\int_0^1 \dfrac{\ln(1+x)}{(2-x)^2}\,dx$ 。

图 4-4-22　邮件合并的步骤

任务五　综合实训——大学生毕业论文（设计）制作

一、实训内容

　　学生小李就要大学毕业了，他在大学要完成的最后一项"作业"就是编辑毕业论文了。

　　开始他忙于实习，没有把毕业论文当回事。他学过计算机基础课程，觉得文字编辑很简单。但是，当他收到论文指导老师下发的"毕业论文格式"后，却轻松不起来了。因为毕业论文的排版要求比普通文档要复杂得多，如运用样式设置各级标题、自动生成目录、不同的页眉页脚及【域】的使用，这些知识是小李以前从未遇到的，不得已他只好请教指导老师和同学。

　　撰写毕业论文（设计）是每个大学生毕业前要做的一项重要工作。在注重论文内容的同时，很多学校对论文格式都有具体的要求。面对那些繁琐的格式，很多同学被弄得焦头烂额，耗费了大量的精力。要完成一份符合要求的毕业论文，首先必须对论文的各级标题设置标题样式。只有标题样式设置正确了，才能生成正确的文档目录及满足要求的页眉页脚。经过指导老师的一番指点，小李终于交了一份满意的答卷。

　　毕业论文通常由题目、摘要、目录、引言、正文、结论、参考文献和附录等部分构成。一般学生要求论文字数不少于 5 000 字，同时各校对于论文打印和排版的格式也有着严格的要求。本项目按实际流程用 Word 做一篇毕业论文设计，并把应用到的操作和技巧，及应注意的细节和问题一并介绍如下。本文部分内容及格式分别如图 4-5-1～图 4-5-3 所示。

图 4-5-1　论文封面　　　　　图 4-5-2　论文目录　　　　　图 4-5-3　论文正文

二、任务实现过程

1. 页面设置

（1）设置页边距和装订线。在【页面布局】选项卡的【页面设置】功能区中单击右侧的对话框启动器按钮，弹出【页面设置】对话框，如图 4-5-4 所示。在【页边距】选项卡中分别进行以下设置：上 3.5 厘米，下 1.7 厘米，左 1.0 厘米，右 1.4 厘米，装订线 1.35 厘米（注意：具体的页面设置，不同学校的要求可能不同）。

切换到【纸张】选项卡，将【纸张大小】设置为【A4】或【16 开】。

如果使用双面打印，建议将【页码范围】设置为【对称页边距】。

图 4-5-4　【页面设置】对话框

（2）设置文档网格。切换到【文档网格】选项卡，如图 4-5-5 所示。将对应选项设置为：每行 38 个字符，跨度 12.05 磅；每页 25 行，跨度 27.45 磅。

2. 使用"样式和格式"对文档进行编辑

（1）将光标定位于需要设置样式的位置，在【开始】选项卡的【样式】功能区中单击右侧的对话框启动器按钮，这时在编辑区右侧会出现【样式】对话框，如图 4-5-6 所示，在其中即可设置应用样式。

对于文章中每一部分或章节的大标题，采用"标题 1"样式，章节中的小标题，按层次分别采用"标题 2……标题 4"样式。文章中的说明文字，采用"正文首行缩进 2"样式。文章中的图和图号说明，采用"注释标题"样式。也可以按照前面的相关章节自定义需要的样式。

图 4-5-5 【文档网格】选项卡

图 4-5-6 【样式】对话框

（2）应用样式。首先，录入文章第一部分的大标题。保持光标的位置在当前标题所在的段落中。在任务窗格中单击"标题 1"样式，即可快速设置好此标题的格式。

用同样的方法，即可一边录入文字，一边设置该部分文字所用的样式。注意：在【显示】下拉列表中选择【所有样式】，即可为文字和段落设置"正文首行缩进 2"和"注释标题"样式。当所需样式都被选择过一次后，可显示"有效样式"，这样就不会显示无用的其他样式。

（3）定义样式的快捷键。在录入和排版过程中，可能会经常在键盘和鼠标之间切换，这样会影响速度。对样式设置快捷键，就能避免频繁使用鼠标，提高录入和排版速度。

右击"标题 1"样式，在弹出的下拉菜单中选择【修改】命令。在【修改样式】对话框中单击【格式】按钮，在弹出的下拉菜单中选择【快捷键】命令，弹出【自定义键盘】对话框，如图 4-5-7 所示。此时在【请按新快捷键】文本框中就会显示快捷键。注意不要在其中输入快捷键，而应该按下快捷键。单击【指定】按钮，快捷键即可生效。

图 4-5-7 【自定义键盘】对话框

用同样的方法为其他样式指定快捷键。现在，在文档中录入文字，然后按下某个样式的快捷键，即可快速设置好格式。

3．文章的分节

在分章处和分节处插入分节符。

将光标定位在论文两章的交接处，在【页面布局】选项卡的【页面设置】功能区中单击【分隔符】按钮，在弹出的下拉菜单中选择【下一页】命令，如图 4-5-8 所示。这样，即可在分章节的同时另起一页继续下一章的内容，而不用多次按回车键来使下一章另起一页（如果是两小节之间，分节符类型应选择"连续"，因为一般不需要在两个小节之间分页）。

> **注意**　在做毕业论文时，封面和正文是要分成两页的，很多人会用回车键把正文顶到第二页，这样以后修改会比较麻烦，容易出问题。正确的做法是在封面内容后插入分页符或分节符。

4．插入题注处理图、表编号

论文中往往会有很多图片、表格，这些内容要求在文章中按顺序编号。Word 为用户提供了图片或表格自动编号的功能。在需要进行编号的图片上单击鼠标右键，在弹出的快捷菜单中选择【题注】命令，弹出【题注】对话框，如图 4-5-9 所示。在其中按照需要设置即可。

图 4-5-8　插入分节符　　　　　　　　图 4-5-9　【题注】对话框

具体操作请参照前面的相关项目，在此不再赘述。

5．插入尾注

将光标放在文档中引用参考文献的地方，单击【引用】|【脚注】|【插入尾注】按钮即可插入尾注，此时光标会自动跳到文档尾部，可在此处键入相应的参考文献说明。修改格式应单击【脚注】功能区右侧的对话框启动器按钮，弹出【脚注和尾注】对话框，如图 4-5-10 所示。编号格式由"i，ii，iii…"改为"1，2，3…"，编号方式为"连续"，应用于"整篇文档"。如要进行多次插入，重复操作即可，而且尾注编号是连续的。

6．设置页眉和页脚

如果要求论文在不同的章节显示不同的页眉、页脚显示不同页码，可以按照下面的方法设置。

（1）将光标定位到论文的最开始处，在【插入】选项卡的【页眉和页脚】功能区中单击【页眉】按钮，在弹出的下拉菜单中选择【空白】命令，出现【页眉和页脚工具|设计】选项卡，如图 4-5-11 所示。

（2）如果要求实现在不同的章节显示不同的页眉，在这种情况下，如果用户输入一个页眉，那么整篇文章都将采用这一页眉。现在需要每章有不同的页眉，勾选【奇偶页不同】复选框，单击【下一节】按钮，就可以在本章的页眉处输入不同的名称了。

图 4-5-10 【脚注和尾注】对话框

图 4-5-11 【页眉和页脚工具|设计】选项卡

（3）一般，论文摘要、目录、正文都在同一篇 Word 文档中，如果按照 Word 的默认设置，整篇文章也将采用同样的页码设置(即从文档第一页开始自动编号到最后一页)，这样一来就不能实现目录、正文的独立分别编页码(目录页码一般为"Ⅰ、Ⅱ…"，正文页码一般为"1、2…"，目录部分的页码不计入正文页)）。

图 4-5-12 【页码格式】对话框

将光标移到要插入"第一页"页脚的前一页末尾处，单击【页面布局】|【页面设置】|【分隔符】按钮，在弹出的下拉菜单中选择【下一页】命令。再将光标移到所插入页，单击【插入】|【页眉和页脚】|【页码】按钮，在弹出的下拉菜单中选择【页面底端】|【普通数字 2】命令，即插入页码。单击【页眉和页脚工具|设计】|【页眉和页脚】|【页码】按钮，在弹出的下拉菜单中选择【设置页码格式】命令，打开【页码格式】对话框，如图 4-5-12 所示。在【编号格式】中选择【Ⅰ，Ⅱ，Ⅲ，…】，【页码编号】中选择【起始页码】单选按钮，单击【确定】按钮。将光标定位于正文页，用同样的方法插入页码，在"设置页码格式"时，【编号格式】中选择【1，2，3，…】即可。

7．编制目录

自动生成目录是 Word 实际应用的特色之一，在书籍、杂志、论文、报告等的排版中，论文的标题、目录和摘要往往是老师评判论文的第一印象。下面进行目录的自动生成。利用【样式和格式】能快速、准确、高效地格式化各级标题；使用【引用】选项卡下的【目录】可以快速自动生成文档目录，如图 4-5-13 所示。

（1）建立目录。首先，按照要求进行文档的页面设置，撰写论文；在论文中，我们已经设置了需要创建目录的各级标题的大纲级别。目录都是单独占一页，将插入点定位到文档中"第一章"之前，单击【插入】选项卡【页】功能区中的【分页】按钮。将插入点定位到新的空白页中。单击【引用】选项卡【目录】功能区中的【目录】按钮，弹出如图 4-5-14 所示的下拉菜单，在其中选择【自动目录 1】命令即可。

图 4-5-13　自动生成论文目录

图 4-5-14　【目录】选项

（2）编辑目录。若生成的论文目录页码未对齐，可将插入点置于未对齐页码后，此时水平标尺上将出现右对齐式制表符"⌐"，按住"Alt"键并拖动该制表符，使出现的虚线与其他页码对齐，释放鼠标即可。也可选定目录中的文字，为其设置字体、字形、字号等。

（3）更新目录。若论文的修改造成了页码变化，可在目录中右击，在弹出的快捷菜单中选择【更新域】命令，弹出【更新目录】对话框，如图 4-5-15 所示；即可按照需要进行操作。或单击【引用】选项卡【目录】功能区中的【更新目录】按钮。

图 4-5-15　【更新目录】对话框

其他相关内容可参考前面的相关任务，至此毕业论文综合排版介绍完毕。

三、知识与技巧

1．样式的应用

在 Word 2010 中快速设置文字或段落的格式有两种方法：一种是用格式刷，另一种是套用样式。样式又分为内置样式和自定义样式，内置样式是 Word 2010 本身所提供的样式，自定义样式是用户将常用的格式定义为样式。

样式就是应用于文档中的文本、表格和列表的一套格式特征；样式是一套预先设置好的文本格式，它能迅速改变文档的外观。当应用样式时，可以在一个简单的任务中应用一组格式。

使用样式的最大优点是当用户更改某个样式时，整个文档中所有使用该样式的段落也会随之改变，这样就不必分别去更改每个段落了。

（1）样式类型。用户可以创建或应用下列 4 种类型的样式，它们是段落样式、字符样式、表格样式及列表样式。

① 段落样式控制段落外观的所有方面，如文本对齐、制表位、行间距和边框等，也可能包括字符样式。

② 字符样式影响段落内选定文字的外观，如文字的字体、字号、加粗及倾斜格式。

③ 表格样式可为表格的边框、阴影、对齐方式和字体提供一致的外观。

④ 列表样式可为列表应用相似的对齐方式、编号或项目符号字符以及字体。

（2）创建新样式。用户可以在 Word 2010 的【样式】窗格中根据被选中文本或段落的格式设置创建新的样式，操作步骤如下。

① 打开 Word 2010 文档窗口，选中事先已经设置格式的文本或段落。单击【开始】选项卡【样式】功能区中的对话框启动器按钮，弹出【样式】窗格，如图 4-5-16 所示。

图 4-5-16 【样式】窗格　　　　图 4-5-17 【根据格式设置创建新样式】对话框

② 在打开的【样式】窗格中单击【新建样式】按钮，如图 4-5-17 所示。

③ 打开【根据格式设置创建新样式】对话框，在【名称】编辑框中输入样式名称，单击【格式】按钮，可设置字体的型号、大小、对齐方式、前后段间距等。

④ 设置完毕后，单击【确定】按钮。

如果要使用已经设置为列表样式、段落样式或字符样式的基础的文本，请选中它。然后基于选定文本的格式和其他属性新建样式。

（3）修改样式。修改样式的操作方法如下。

打开【样式】窗格，将鼠标指针指在需要修改的样式上，单击要修改样式右边的箭头，在出现的下拉菜单中选择【修改样式】命令，打开【修改样式】对话框，按需要修改样式即可，如图 4-5-18 所示。

图 4-5-18 【修改样式】对话框

（4）应用样式。选中文本或单击需要设置样式的段落，在【开始】选项卡的【样式库】中选择所需样式即可。

2．宏应用

（1）宏的功能。在文档编辑过程中，如果有某项工作要多次重复，就可以利用 Word 的宏功能，以提高效率。宏将一系列的 Word 命令和指令组合在一起，形成一个"批处理命令"以实现任务单击的自动化。用户可以创建并单击一个宏，以替代人工进行一系列费时而重复的 Word 操作。

（2）创建宏。操作步骤如下。

① 选中文字"奢侈品销售总监"。

② 单击【视图】选项卡【宏】功能区中的【宏】按钮，在弹出的下拉菜单中选择【录制宏】命令，弹出如图 4-5-19 所示的【录制宏】对话框，在【宏名】编辑框中，输入宏的名称。在【将宏保存在】下拉列表框中，选择保存该宏到文档"热门职业.docx"，这样该宏以后只有在你所指定的模板或文档中才能使用。最后单击【确定】按钮，开始录制新宏。

图 4-5-19 【录制宏】对话框

③ 连续单击功能键"F6"，直到每个按钮旁出现数字或字母时为止，如图 4-5-20 所示，单击"H"，选择【开始】选项卡，在【开始】选项卡中选择相应字母、上下移动键，设置成黑体、三号，并把字的颜色设为蓝色。

图 4-5-20 键盘操作提示字母或数字

④ 开始录制宏后，鼠标指针的形状变成一盒磁带状，表明宏记录器已经打开，可以录制各种操作了。如果在录制过程中想跳过某些操作就可以单击【宏】按钮，在弹出的下拉菜单中选择【暂停录制】命令，再次录制则选择【恢复录制】命令。录制完成后，可以选择【停止录制】命令。

小提示

在录制宏的过程中，要注意以下一些规则。

录制器不能录制鼠标在文档窗口的移动，如鼠标滚动文档，用鼠标选择文本、拖动文本等，在录制这些命令时必须使用键盘操作。但鼠标对菜单命令的执行，及对工具栏中按钮的单击等操作都可以被录制下来。

对话框录制中，只有单击【确定】或【关闭】按钮后，才会录制在该对话框中所进行的操作和设置。若对话框有多个选项卡，则单击【确定】或【关闭】按钮后，只能录制对当前选项卡的操作和设置。若要录制对多个选项卡的操作，则必须为对每个选项卡的操作而打开一次对话框。

（3）运行宏。操作步骤如下。

① 分别选中每段开头的一句话。

② 在【视图】选项卡的【宏】功能区中单击【宏】按钮，在弹出的下拉菜单中选择【查看宏】命令，出现如图 4-5-21 所示的【宏】对话框，可在【宏的位置】下拉列表中选择宏的位置，在【宏名】列表中选择刚才建立宏的名称，最后单击【运行】按钮，就可自动执行该宏所定制的一系列操作。

③ 利用该【宏】对话框中的【编辑】按钮，熟悉 Visual Basic 语言的用户还可以进入 Visual Basic 编辑器对宏进行修改。

图 4-5-21 【宏】对话框

四、拓展与技巧

1. "Alt" 键的妙用

（1）按住 "Alt" 键（或同时按住鼠标上的两个按钮），再拖动左右（上下）边距，可精确地调整其值（在标尺上会显示具体值）。

（2）按住 "Alt" 键再进行相应操作，还可以精确地调整图形、艺术字等 "对象" 的形状、大小和在文档中的位置等。

（3）按住 "Alt" 键后单击任意单元格可快速选定单元格所在的列。按 "Alt" 键后双击表格中任意位置，可快速选定整个表格。

（4）按住 "Alt" 键后拖动鼠标可以按列选定文本。

（5）按住 "Alt" 键拖动菜单命令或工具栏上的图标可删除或移动该项到其他位置（同时还按住 "Ctrl" 键复制）。

2. 双击、右击的妙用

（1）双击横标尺上的空白灰色区域或竖标尺上的任意位置，会弹出【页面设置】对话框。

（2）双击标尺上栏间距区域，会弹出【分栏】对话框。

（3）单击标尺上任何一个制表位，会弹出【制表位】对话框。

（4）选定要复制的格式，再双击格式刷，可将选定格式多次复制到其他位置。

（5）快速拆分窗口。将鼠标指针移动到垂直滚动条顶端的拆分条上，当鼠标指针变成双向箭头后双击或拖动可拆分窗口。

（6）状态栏中的双击。双击状态栏上的第一个框中任意位置可快速打开【查找和替换】对话框。双击【数字】，则弹出【数字统计】对话框，单击【插入】可变成【改写】状态，单击【改写】则变成【插入】状态。

（7）选定文件名后右击，在弹出的快捷菜单中选择【打印】可不打开文件而快速打印 Word 文档。

（8）选定多边形后右击，选择弹出菜单中的【编辑顶点】，按住"Ctrl"键不放，单击连线可增加顶点，单击顶点则删除该顶点。

3．文档的保护

单击【文件】|【信息】|【保护文档】按钮，在弹出的下拉菜单中选择【用密码进行加密】命令，在对话框中输入密码，单击【确定】按钮即可。

4．关于图形（剪贴画、图片文件、自选图形）

（1）图形等对象的上下叠放。插入文档的对象要和正文重叠，必须先设置图片格式中的"文字环绕"为"无环绕"（此时图片浮于文字上方），"叠放层次"设为"置于文字下方"，即可将图片叠放在文字下面，形成"背景"或"水印"。

（2）编辑环绕顶点。在【图片工具|格式】选项卡的【排列】功能区中单击【自动换行】按钮，在弹出的下拉菜单中选择【编辑环绕顶点】命令，图片周围会出现许多顶点，拖动它们可以调整文字环境位置，按住"Ctrl"键再单击顶点间的连线（顶点）可以增加（或删除）顶点。

（3）图形裁剪后的恢复。可以用【图片工具|格式】选项卡中的【裁剪】工具逆向拖动来恢复被裁剪掉的部分。

（4）旋转、编辑。插入文档中的【剪贴画】，如果先"取消组合"，再"组合"，就可整体旋转了。"取消组合"还可以修改各组成部分（以文件方式插入的剪贴画可双击后编辑）。

（5）图片或其他对象的"选定"：当图片等置于文字下或其他对象下时，有时再也不能用鼠标选定。只要单击"绘图"中的"选定"图标，再将鼠标指针移到对象上，就能单击选定（选定一个后再按"Tab"键可切换选定不同层次）。

（6）移动或复制对象。按住"Shift"键后再拖动可按垂直或水平方向移动（同时还按住"Ctrl"键则复制）图形等对象到新位置。

5．显示所有样式

要把样式应用到文档，请先用鼠标选中文字，然后从【格式】工具条的【样式】下拉列表框中选择样式。如果用户找不到自己想要的样式，则单击样式下拉列表时按住"Shift"键，就可以显示完整的样式清单了。如果要把文字格式转换成 3 种主要的标题样式："标题 1""标题 2""标题 3"，用户可以直接使用键盘快捷方式，它们分别是"Ctrl+Alt+1""Ctrl+Alt+2"和"Ctrl+Alt+3"。

6．快速查看文档样式

在 Word 中可以给文字设置很多格式，以至于过了一段时间后用户自己都不能确切地说出设置了哪些格式，这时，只需选择【帮助】菜单下的【这时什么？】选项，鼠标指针将变成带问号的左向箭头，将其指向被查询的文字，单击左键，就会出现提示框，告诉用户相应的段落格式和字体格式。

7．去掉文本的一切修饰

假如用户用 Word 编辑了一段文本，并进行了多种字符排版格式，如宋体、楷体、上标、下标等，但后来又对这段文本中的字符排版格式不太满意，那么不妨选中这段文本，然后按下"Ctrl+Shift+Z"组合键，就可以去掉选中文本的一切修饰，以缺省的字体和大小显示文本。

五、创新作业

运用前面几个项目所学内容，制作一张如图 4-5-22 所示的美观的电子手抄报。

图 4-5-22　电子手抄报

习　题

一、选择题

1. 中文 Word 是（　　）。

　　A. 字处理软件　　　　B. 系统软件　　　　C. 硬件　　　　　　D. 操作系统

2. 在 Word 的文档窗口中进行最小化操作（　　）。

　　A. 会将指定的文档关闭

　　B. 会关闭文档及其窗口

　　C. 文档的窗口和文档都没关闭

　　D. 会将指定的文档从外存中读入，并显示出来

3. 用 Word 进行编辑时，要将选定区域的内容放到剪贴板上，可单击工具栏中的（　　）。

　　A. 剪切或替换　　　B. 剪切或清除　　　C. 剪切或复制　　　D. 剪切或粘贴

4. 设置字符格式可用（　　）。

　　A.【开始】功能区中的相关图标

　　B.【常用】工具栏中的相关图标

　　C.【格式】菜单中的【字体】选项

　　D.【格式】菜单中的【段落】选项

5. 在使用 Word 进行文字编辑时，下列叙述中错误的是（　　）。

　　A. Word 可将正在编辑的文档另存为一个纯文本（TXT）文件

　　B. 使用【文件】菜单中的【打开】命令可以打开一个已存在的 Word 文档

　　C. 打印预览时，打印机必须是已经开启的

　　D. Word 允许同时打开多个文档

6. 能显示页眉和页脚的方式是（　　）。

　　A. 普通视图　　　　B. 页面视图　　　　C. 大纲视图　　　　D. 全屏幕视图

7. 将插入点定位于句子"飞流直下三千尺"中的"直"与"下"之间，按一下"Delete"

键，则该句子（　　　）。

    A. 变为"飞流下三千尺"　　　　　　　B. 变为"飞流直三千尺"

    C. 整句被删除　　　　　　　　　　　D. 不变

8. 要删除单元格，正确的是（　　　）。

    A. 选中要删除的单元格，按"Delete"键

    B. 选中要删除的单元格，按【剪切】按钮

    C. 选中要删除的单元格，使用"Shift+Delete"组合键

    D. 选中要删除的单元格，使用右键快捷菜单中的【删除单元格】命令

9. 下列中文 Word 的特点描述正确的是（　　　）。

    A. 一定要通过使用【打印预览】才能看到打印出来的效果

    B. 不能进行图文混排

    C. 不能进行字号的改变

    D. 无法检查英文拼写及语法错误

10. 新建 Word 文档的快捷键是（　　　）。

    A. "Ctrl+N"　　　　B. "Ctrl+O"　　　　C. "Ctrl+C"　　　　D. "Ctrl+S"

11. 下面对 Word 编辑功能的描述中（　　　）是错误的。

    A. Word 可以开启多个文档编辑窗口

    B. Word 可以将多种格式的系统时期、时间插入到插入点位置

    C. Word 可以插入多种类型的图形文件

    D. 使用【编辑】菜单中的【复制】命令可将已选中的对象拷贝到插入点位置

12. Word 在编辑一个文档完毕后，要想知道它打印后的结果，可使用（　　　）功能。

    A. 打印预览　　　B. 模拟打印　　　C. 提前打印　　　D. 屏幕打印

13. 在 Word 中，若要删除表格中的某单元格所在行，则应选择【删除单元格】对话框中的（　　　）。

    A. 右侧单元格左移　　　　　　　　　B. 下方单元格上移

    C. 整行删除　　　　　　　　　　　　D. 整列删除

14. 进入 Word 编辑状态后，在中文状态下，进行中文标点符号与英文标点符号之间切换的快捷键是（　　　）。

    A. "Shift+空格"　　B. "Shift+Ctrl"　　C. "Shift+."　　D. "Ctrl+."

15. 在 Word 文档编辑区中，将光标定位在某一字符处连续单击鼠标左键 3 次，将选取该字符所在的（　　　）。

    A. 一个词　　　　B. 一个句子　　　C. 一行　　　D. 一个段落

16. 在 Word 的【常用】工具栏中，【格式刷】按钮具有排版功能，为了多次复制同一格式可以（　　　）【格式刷】按钮。

    A. 单击　　　　B. 右击　　　　C. 左击　　　　D. 双击

17. 某同学正在用 Word 撰写毕业论文，要求只能以 A4 规格的纸输出，他在打印预览中发现最后一页只有一行，于是想把这一行提到上一页，最好的办法是（　　　）。

    A. 改变纸张大小　　　　　　　　　　B. 增大页边距

    C. 减小页边距　　　　　　　　　　　D. 把页面方向改为横向

18. Word 中，表格拆分指的是（　　　）。

    A. 从某两行之间把原来的表格分为上下两个表格

B. 从某两列之间把原来的表格分为左右两个表格

C. 从表格的正中间把原来的表格分为两个表格，方向由用户指定

D. 在表格中由用户任意指定一个区域，将其单独存为另一个表格

二、填空题

1. 第一次启动 Word 后系统自动建立一空白文档名为＿＿＿＿＿＿。

2. 选定内容后，单击【剪切】按钮，则选定的内容被一并送到＿＿＿＿＿＿上。

3. 将文档分为左右两个版面的功能称为＿＿＿＿＿＿，将段落的第一个字放大突出显示的功能称为＿＿＿＿＿＿。

4. 每段文字距页面左边界的距离称为＿＿＿＿＿＿，而从第一行开始，相对于第二行左侧的偏移量称为＿＿＿＿＿＿。

5. 当执行了误操作后，可以单击＿＿＿＿＿＿按钮撤销当前操作，还可以从列表多次撤销或恢复多次撤销的操作。

6. Word 表格由若干行、若干列组成，行和列交叉的地方称为＿＿＿＿＿＿。

三、判断题

1. Word 中不能插入剪贴画。（　　　）

2. 插入艺术字既能设置字体，又能设置字号。（　　　）

3. 页边距可以通过标尺设置。（　　　）

4. 如果需要对文本格式化，则必须先选择被格式化的文本，然后再对其进行操作。（　　　）

5. 页眉与页脚一经插入，就不能修改了。（　　　）

6. 对当前文档最多可分三栏。（　　　）

7. 使用"Delete"命令删除的图片，可以粘贴回来。（　　　）

8. Word 中插入的图片不能进行放大和缩小。（　　　）

9. 在 Word 中可以使用在最后一行的行末按下"Tab"键的方式在表格末添加一行。（　　　）

四、操作题

1. 打开"考生"文件夹下的 Word 文档"WORD1.docx"，其内容如下。

【"WORD1.docx"文档开始】

人生要学会遗忘

人生在世，忧虑与烦恼有时也会伴随着欢笑与快乐，正如失败伴随着成功。如果一个人的脑子里整天胡思乱想，把没有价值的东西也存在头脑中，那他或她总会感到前途渺茫，人生有很多的不如意。所以，我们很有必要对头脑中储存的东西进行及时清理，把该保留的保留下来，把不该保留的予以抛弃。那些给人带来诸方面不利的因素，实在没有必要过了若干年还值得回味或耿耿于怀。这样，人才能过得快乐、洒脱一点。

众所周知，在社会这个大家庭里，你要想赢得别人的尊重，首先你必须尊重别人，多记住别人的优点，而学会遗忘别人的过失。其次，一个人要学会遗忘自己的成绩。有些人稍微有了一点成绩就骄傲起来，沾沾自喜，这显然是造成失败的一个原因。成绩只是过去，要一切从零开始，那样才能跨越人生新的境界。同时，一个人应该将自己对他人的帮助视为一件微不足道的小事，以至于遗忘。这样，你的处事之道方能获得他人的赞许。

人生需要反思，需要不断总结教训，发扬优点，克服缺点。要学会遗忘，用理智过滤去自己思想上的杂质，保留真诚的情感，它会教你陶冶情操。只有善于遗忘，才能更好地保留人生最美好的回忆。

【"WORD1.docx"文档结束】

按要求对文档进行编辑、排版和保存。

（1）将标题段（"人生要学会遗忘"）的所有文字设置为三号、黄色、加粗、居中并添加蓝色底纹、黑体。

（2）将正文各段文字（"人生在世……保留最美好的回忆。"）设置为五号、楷体，首行缩进2字符，段前间距1行。

（3）将正文第二段（"众所周知……获得他人的赞许。"）分为等宽的两栏，栏宽为18字符。

（4）在页面底端（页脚）居中位置插入页码。

（5）设置上、下页边距各为3厘米。

2. 打开"考生"文件夹下的Word文档"WORD2.docx"，其内容如下。

【"WORD2.docx"文档开始】

世界各地区的半导体生产份额（2000年）

年份	美国	日本	欧洲	亚太
1980年	58%	27%	15%	0%
1985年	46%	42%	11%	1%
1990年	39%	46%	11%	3%
1995年	40%	40%	8%	12%
1998年	54%	28%	10%	8%

【"WORD2.docx"文档结束】

按要求完成下列操作并原名保存。

（1）将标题段"世界各地区的半导体生产份额（2000年）"设置为小四号、红色、仿宋_GB2312且居中；将文中后6行文字转换为一个6行5列的表格。

（2）将表格内容居中，并设置表格框线为0.75磅红色双窄线。

3. 打开"考生"文件夹下的Word文档"WORD3.docx"，其内容如下。

【"WORD3.docx"文档开始】

运动员的隐士

运动员的项目不同，对隐士的需求也不同。

体操动作复杂多变，完成时要求技巧、协调及高度的速率，另外为了保持优美的体形和动作的灵巧性，运动员的体重必须控制在一定范围内。因此，体操运动员的隐士要精，脂肪不宜过多，体积小，发热量高，维生素B1、维生素C、磷、钙和蛋白质供给要充足。

马拉松属于有氧耐力运动，对循环、呼吸机能要求较高，所以要保证蛋白质、维生素和无机盐的摄入，尤其是铁的充分供应，如多吃些蛋黄、动物肝脏、绿叶菜等。

游泳由于在水中进行，肌体散热较多，代谢程度也大大增加，所以食物中应略微增加脂肪比例。短距离游泳时要求速度和力量，膳食中要增加蛋白质含量；长距离游泳要求较大的耐力，膳食中不能缺少糖类物质。

【"WORD3.docx"文档结束】

（1）将文中所有错词"隐士"替换为"饮食"；将标题段"运动员的饮食"设置为红色、三号、阴影、黑体、居中并添加蓝色底纹。

（2）将正文第四段文字（"游泳……糖类物质。"）移至第三段文字（"马拉松……绿叶菜等。"）之前；将正文各段文字（"运动员的项目不同……绿叶菜等。"）设置为五号、楷体；各段落左右各缩进1.5字符，首行缩进2字符。

任务一　Excel 2010 基本操作

张同学来到大华科技有限公司上班，公司领导为了掌握企业员工信息，安排他制作一份职员信息表，内容有编号、姓名、参加工作时间、所属部门和职务。张同学利用 Excel 2010 制作了比较详细的企业员工信息表，如图 5-1-1 所示。

	A	B	C	D	E	F	G
1	大华科技有限公司职员信息表						
2	编号	姓名	性别	参加工作时间	所属部门	职务	
3	XH1001	刘丽	女	1994-7-6	办公室	经理	
4	XH1002	李妤	女	1995-9-13	办公室	职员	
5	XH1003	张家英	女	2006-7-2	办公室	职员	
6	XH1004	林业年	男	1997-1-2	人事部	经理	
7	XH1005	薛越	男	2000-2-1	销售部	经理	
8	XH1006	李鹏	男	1998-3-23	销售部	主管	
9	XH1007	王朝	男	2001-12-23	销售部	职员	
10	XH1008	张月	女	2000-2-3	人事部	职员	
11	XH1009	许多多	女	1994-2-1	财务部	经理	
12	XH1010	林侍	女	1992-5-24	生产部	职员	
13	XH1011	林佳	女	2001-5-24	技术部	职员	
14	XH1012	丁山	男	1996-2-3	销售部	职员	
15	XH1013	许天成	男	1995-5-3	生产部	职员	
16	XH1014	王丹丹	女	2001-5-2	技术部	职员	
17	XH1015	李胜	男	1992-5-3	生产部	职员	
18	XH1016	陈济南	男	1997-7-12	生产部	主管	
19	XH1017	冯直	男	2000-2-12	技术部	职员	
20	XH1018	叶洁	女	1996-8-2	生产部	职员	
21	XH1019	李岚	女	1998-2-4	生产部	职员	

图 5-1-1　企业员工信息表

Excel 2010 电子表格作为 Microsoft 公司 Office 2010 办公组件之一，以二维工作表单的形式组织数据。它除了对表中的数据进行版面的设计之外，还可对表中数据进行快捷、全面的计算处理。

本情境以制作企业员工信息表为载体，介绍 Excel 2010 基本操作、数据录入及格式化、工作簿的多表操作及数据的编辑等知识。

对本情境任务的分析如下。

（1）工作簿整体设置，包括工作簿的创建及保存、添加工作表、重命名工作表、更改标签颜色和页面设置等。

（2）信息表内容页制作，包括行、列、单元格区域的选择及插入方法，行高、列宽的调整，数据录入及格式化，日期数据格式的设置，表格的合并及拆分，表格边框和底纹以及序列填充等。

任务实现方法如下。

1．启动和退出 Excel 2010

安装 Excel 2010 程序后，可通过以下两种方法启动程序，类似于 Word 的启动。

（1）依次选择【开始】|【所有程序】| Microsoft Office | Microsoft Office Excel 2010 命令，启动 Excel 2010。

（2）创建一个 Excel 桌面快捷方式，双击快捷方式可以启动。

另外，双击现有的 Excel 2010 文档，也可以启动 Excel 2010 程序，同时打开该文档。如果需要新建文档，则可以选择【新建】命令。

退出 Excel 2010 程序有如下几种方法。

（1）单击【文件】选项卡中的【退出】按钮。

（2）单击标题栏右端的【关闭】按钮 ✕ 。

（3）将光标放置在标题栏上右击，从弹出的快捷菜单中选择【关闭】命令。

（4）通过"Alt+F4"组合键关闭。

2．Excel 2010 的工作界面

Excel 2010 的工作界面主要包括标题栏、快速访问工具栏、选项卡、数据编辑区、滚动条、工作表选项卡和状态栏等。

（1）数据编辑区。数据编辑区如图 5-1-2 所示。其中各项内容介绍如下。

图 5-1-2　数据编辑区

【名称框】：用来显示当前活动单元格或单元格区域的地址。

【编辑栏】：用来输入或编辑数据，数据同时显示在当前活动单元格中。

【取消】按钮：单击【取消】按钮将取消数据的输入或编辑，同时当前活动单元格中的内容也随之消失。

【输入】按钮：单击【输入】按钮将结束数据的输入或编辑，同时将数据存储在当前单元格内。

【插入函数】按钮：单击【插入函数】按钮即可执行插入函数的操作。

（2）工作表选项卡。工作表选项卡用于显示一个工作簿中的各个工作表的名称。单击不同工作表的名称，可以切换到不同的工作表。当前工作表以白底显示，其他的工作表以浅蓝色底纹显示。

（3）状态栏。状态栏位于窗口的最底部，用于显示执行过程中的操作或命令信息。

3．工作簿与工作表

工作簿与工作表是两个不同的概念，一个工作簿可以包含多个工作表。

（1）工作簿。在 Excel 中一个文件即为一个工作簿，一个工作簿由一个或多个工作表组成。工作簿窗口包括工作表区、工作表标签、标签滚动按钮、滚动条等。Excel 启动时会自动产生一个新的工作簿。在默认情况下，Excel 为每个新建工作簿创建 3 张工作表，标签名分别为"Sheet 1""Sheet 2""Sheet 3"，可分别用来存放如学生名册、教师名册、学生成绩等相关信息。

（2）工作表。打开 Excel 2010 时，首先映入眼帘的工作画面就是工作表，工作表是 Excel 完成一项工作的基本单位，可以输入字符串（包括汉字）、数字、日期、公式、图表等丰富的信息。工作表由多个按行和列排列的单元格组成，在工作表中输入内容之前首先要选中单元格，每张工作表有一个工作表标签与之对应（如"Sheet 1"），用户可以直接单击工作表标签名来切换当前工作表。

（3）单元格。单元格是 Excel 工作簿的最小组成单位，在单元格内可以存放简单的字符或数据，单元格可通过地址来标识，即一个单元格可以用列号（列标）和行号（行标）来标识，如 B2。

4．创建工作簿

（1）新建工作簿。想要用 Excel 来存储编辑需要的数据就要先新建一个工作簿，创建工作簿的方法与创建 Word 文档的方法类似。在【文件】选项卡中单击【新建】按钮，弹出【可用模板】面板，在模板列表框中选择模板类型，然后选择模板，再单击【创建】按钮即可。

（2）打开已有的工作簿。

方法 1：通过【文件】选项卡打开，操作步骤如下。

在【文件】选项卡中单击【打开】按钮，弹出【打开】对话框，在左栏列表框中选择要打开的文件的具体位置，然后选中要打开的文件，再单击【打开】按钮即可。

方法 2：使用快捷方式打开，操作步骤如下。

单击快速访问工具栏上的【打开】按钮，如图 5-1-3 所示，将会弹出【打开】对话框，在左栏列表框中选择要打开的文件的具体位置，然后选中要打开的文件，最后单击【打开】按钮即可。

图 5-1-3　单击【打开】按钮

方法 3：双击工作簿文件

5．输入数据

工作簿建立后就可以在工作表中输入数据了。在 Excel 工作表的单元格中可以输入文本、数字、日期等。

（1）文本输入。单击要输入文本的单元格，输入文本，且输入的字符不受单元格大小的限制。输入数据后按下"Enter"键，黑色边框自动跳到下一行的同列单元格上。

输入工作表数据

（2）数字输入。输入数字时，只要选中需要输入数字的单元格，按下键盘上的数字键即可。

（3）日期输入。输入日期时可以使用斜线（/）、连字符（-）、文字或者它们的组合。输入日期有很多种方法，如果输入的日期格式与默认的格式不一致，就会把它转换成默认的日期格式。例如输入"2007 年 3 月 18 日"，可以输入如下形式的日期。

07/3/18　　　　　07-3-18　　　　　07-3-18　　　　　07/3/18
2007/3/18　　2007-3-18　　　　2007-3-18　　2007/3/18

6．保存工作簿

保存工作簿是非常重要的操作之一。用户可在工作过程中随时保存文件，以免因意外事故造成不必要的损失。保存工作簿的方法主要有以下几种。

方法 1：在操作过程中随时单击工具栏上的【保存】按钮 。

方法 2：在【文件】选项卡中单击【保存】按钮可以保存工作簿。

方法 3：在【文件】选项卡中单击【另存为】按钮可以保存工作簿。对于尚未保存过的工作簿，将会打开【另存为】对话框，用户需在其中指定文件名称及保存文件的位置，然后单击【保存】按钮即可保存文件。

方法 4：按"Ctrl+S"组合键。

本节主要介绍工作表格式化的相关内容，包括调整表格的行高与列宽、合并单元格及对齐数据项、设置边框和底纹的图案与颜色、格式化表格的文本等。通过这些格式设置，可以美化工作表，还可以突出重点数据。

一、调整表格的列宽与行高

1．调整列宽

当输入数据的长度长于列宽的时候，就需要对单元格的列宽进行调整，可用下列方法调整表格的列宽。

（1）通过【开始】选项卡调整，具体方法如下。

打开工作表，选择要调整列宽的列，在【开始】选项卡的【单元格】功能区中单击【格式】按钮，在下拉菜单中选择【列宽】命令，在弹出的【列宽】对话框中输入适当的列宽值，单击【确定】按钮。

（2）通过拖动的方法调整列宽，具体方法如下。

打开工作表，将光标移动到需要调整列的列号右边框，直到出现如图 5-1-4 所示的形状，按住鼠标左键不放，拖动到适当的位置释放鼠标左键。

2．调整行高

系统默认单元格的行高是 19 个像素，如输入数据的高度超出这个高度，则可适当调整行高。方法与调整列宽相似，这里不再赘述。

图 5-1-4　用鼠标调整列宽

二、设置字体格式

【字体】功能区提供了 Excel 2010 中所有修饰文字的方法。打开工作表，选中要进行设置的单元格，在【开始】选项卡的【字体】功能区中单击【字体】旁的 按钮，在【字体】选项卡中对字体、字形、字号进行设置，在【颜色】下拉列表框中选择一种颜色，如图 5-1-5 所示。

图 5-1-5　【设置单元格格式】对话框

三、设置对齐方式

默认情况下，在单元格中，数字是右对齐，文本是左对齐。在制表时，往往要改变这一默认格式，如设置居中、跨列居中等。

使用【开始】选项卡【对齐方式】功能区中的工具按钮可以设置数据在单元格中的对齐方式、文本方向、缩进量和换行方式等格式。【对齐方式】功能区中各工具的功能说明如下。

顶端对齐、垂直居中、底端对齐：用于设置数据在单元格中的垂直对齐方式。

文本左对齐、居中、文本右对齐：用于设置数据在单元格中的水平对齐方式。

方向：用于沿对角线或垂直方向旋转文字，通常用于标记较窄的列。

自动换行：可通过多行显示使单元格中的所有内容都可见。

合并后居中：用于将所选的多个单元格合并成一个较大的单元格，并将单元格的内容居中显示。

四、自动套用格式或模板

为了提高工作效率，Excel 提供了多种专业报表格式及单元格格式供用户选择，用户可以通过套用这些格式对工作表进行设置，以大大节省用于格式化工作表的时间。

选择了包含所需数据的单元格区域后，在【开始】选项卡的【样式】功能区中单击【套用表格样式】按钮，在弹出的下拉菜单中单击所需样式的图表，打开如图 5-1-6 所示的【套用表格式】对话框，单击【确定】按钮即可。如果没有事先选择单元格区域，可单击【表数据的来源】文本框右侧的【折叠】按钮，折叠对话框，然后在工作表中选择要套用表样式的区域，此区域地址即显示在【表数据的来源】文本框中，再次单击【折叠按钮】展开对话框，最后单击【确定】按钮。

用户也可以使用模板创建工作簿。

单击【文件】选项卡中的【新建】按钮，在弹出的窗口中单击模板按钮，选择提供的模板建立工作簿文件。

五、条件格式

根据条件使用数据条、色阶和图标集，以突出显示相关单元格，强调异常值，以及实现数据的可视化效果。例如，将某一门课中不及格的分数设为浅红填充色深红色文本。

（1）选择单元格区域。

（2）单击【开始】选项卡【样式】选项组中的【条件格式】按钮，选择【突出显示单元格规则】中的【小于】按钮。

（3）输入数值（60），设置格式，如图 5-1-7 所示。

图 5-1-6　【套用表格式】对话框　　　　图 5-1-7　【小于】对话框

六、拓展与技巧

1．选中单元格

单元格是工作表中的最小组成单位，单元格内可以输入文字、数字与字符等信息。对单元格进行操作之前，必须先选择单元格。

（1）选中单个单元格

方法1：直接在单元格上单击，就能选中单元格，被选中的单元格周围会出现黑色的边框。

图5-1-8　输入单元格地址

方法2：如果要选择的特定单元格没有出现在当前屏幕中，则可以在【名称】框中输入需要选择的单元格地址，再按"Enter"键即可，如图5-1-8所示。

（2）选择整行。选择整行只要在工作表上单击该行的行号即可。如要选中第3行，只要将鼠标指针放在第3行的行号"3"上，此时鼠标指针变成黑色的小箭头，单击即可。

（3）选择单元格区域。单元格区域是指由多个相邻的单元格构成的矩形区域，用户可以选择一个单元格区域或多个不相邻的单元格区域。

选择一个矩形区域的方法有两种：一是拖动法，二是在【名称】框中输入。

① 将鼠标指针指向第一个单元格（如A3），向右下角拖动，当包含所有待选的单元格时释放鼠标左键即可选中该区域，选中的单元格区域会以灰色显示。按下"Ctrl"键可选择多个不相邻的单元格区域。

② 在【名称】框中输入"A3:G6"，按下"Enter"键即可选中。

（4）选择全部单元格。单击左上角的【全选】按钮或按快捷键"Ctrl+A"。

2．移动、复制单元格

移动单元格数据是指将单元格中的数据移至其他单元格中；复制单元格或区域数据是指将某个单元格区域的数据复制到指定的位置，在另一个位置创建一个备份，原来位置的数据仍然存在。

（1）使用剪贴板进行移动和复制。

选中要移动数据的单元格或区域，单击工具栏上的【复制】按钮，这时在该区域四周会出现流动的虚线框。

选中目标单元格，如果被复制的是一个区域，则选择的单元格是目标区域的第一个单元格，单击工具栏中的【粘贴】按钮，就可以将要复制的内容复制过来了，而流动的虚线框并不消失。

（2）使用鼠标进行移动和复制。

如果要移动或复制的源单元格和目标单元格相距较近，直接使用拖放的方法就可以复制和移动数据。

根据需要，数据移动和复制有两种方式：一种是覆盖式，即改写式，用这种方式可以将目标位置单元格内的内容全部替换为新内容；另一种是插入式，用这种方式移动和复制则会将新内容插入到插入点位置，而将原来的内容右移或下移，下面从4个方面来讲解。

① 覆盖式移动。选中单元格或区域，将光标移动到所选择区域的边框上，当光标变成形状时，按下鼠标左键并拖动到新的位置即可。

② 覆盖式复制。选中要复制数据的单元格区域，将光标移动到边框上，按住"Ctrl"键，箭头右上方出现一个"+"号，拖动光标到指定位置并释放鼠标左键，此时进行的是复制操作，而不是移动。

③ 插入式移动。如果需要将单元格的数据移动和复制到其他单元格，而不是覆盖目标单元格中的数据，可以使用插入方式来移动复制数据。

选择单元格或区域，拖动其边框的同时按住"Shift"键，这时跟随光标的移动，边框变成一个倒"I"型的虚柱，将其拖动到要插入的位置，释放鼠标左键即可将单元格内容移动到指定位置。

④ 插入式复制。如果要进行插入式复制，方法同上，只是拖动光标的时候要同时按住"Shift"和"Ctrl"键。

3．插入单元格

修改工作表数据时，可在表中添加一个空行、一个空列或是若干个单元格，而表格中已有的数据会按照指定的方式迁移，自动完成表格空间的调整。

图 5-1-9 【插入】对话框

（1）右击插入单元格。在要插入单元格的位置上右击，在弹出的快捷菜单中选择【插入】命令，弹出【插入】对话框，选中【活动单元格右移】单选按钮，如图 5-1-9 所示。单击【确定】按钮，单元格右边的各个单元格依次向右移动一个单元格。

（2）工具栏插入单元格。选中要插入单元格的位置，在【开始】选项卡的【单元格】功能区中，单击【插入】按钮上的倒三角，在其下拉菜单中选择【插入单元格】命令。在弹出的【插入】对话框中选中【活动单元格右移】单选按钮。

4．清除单元格

清除单元格是将单元格中的数据完全清除，单元格还保留在原位置。

选中要清除数据的单元格或区域，然后在【开始】选项卡的【编辑】功能区中单击【清除】按钮，在其下拉菜单中选择【全部清除】、【清除格式】、【清除内容】、【清除批注】、【清除超链接】、【删除超链接】命令。

5．删除单元格

删除单元格是将选中的单元格及其数据一同删除，原来的位置被其他单元格代替。

选中要删除的单元格或区域，在【开始】选项卡的【单元格】功能区中，单击【删除】下拉列表按钮，在下拉菜单中选择【删除单元格】命令，如图 5-1-10 所示。

弹出【删除】对话框，选中【右侧单元格左移】单选按钮，如图 5-1-11 所示。

图 5-1-10 选择【删除单元格】命令

图 5-1-11 【删除】对话框

结果如图 5-1-12 所示，不但将所选单元格区域内的数据删除，而且将这几个单元格也删除了，右边区域的内容移动到删除的区域。

6．插入工作表

插入工作表有以下几种方法。

（1）通过【插入工作表】命令添加工作表。打开 Excel 文档，选中"Sheet 1"工作表，在【开始】选项卡的【单元格】功能区中单击【插入】按钮，从下拉菜单中选择【插入工作表】命令，就可以在"Sheet 1"工作表前插入一个新的工作表"Sheet 4"。

图 5-1-12　删除单元格后的效果

（2）通过快捷菜单命令插入工作表。通过快捷菜单命令插入工作表的具体操作步骤如下。

① 打开 Excel 文档，在"Sheet 1"工作表标签上右击，然后在弹出的快捷菜单中选择【插入】命令。

② 在弹出的【插入】对话框中切换到【常用】选项卡，选择【工作表】选项，如图 5-1-13 所示，单击【确定】按钮就可以在"Sheet 1"工作表前插入一个新的工作表了。

图 5-1-13　【常用】选项卡

（3）使用工作表标签上的【插入工作表】按钮。

（4）使用快捷键"Shift+F11"。

7. 重命名工作表

Excel 工作簿中的工作表名称默认为"Sheet 1""Sheet 2""Sheet 3"……这样不方便记忆和进行有效的管理，下面介绍重命名工作表。

（1）直接重命名工作表。

① 打开工作簿，双击要修改的工作表标签，标签会以反黑显示，如图 5-1-14 所示。

② 输入"销售部"，如图 5-1-15 所示。

图 5-1-14　双击"Sheet 1"工作表标签　　　　　　　　图 5-1-15　输入"销售部"

③ 按下 "Enter" 键即可重命名，然后按照同样的方法命名其他工作表。

（2）通过菜单重命名工作表。打开工作簿，选中工作表 "Sheet 1"，然后在【开始】选项卡的【单元格】功能区中单击【格式】按钮，从下拉菜单中选择【重命名工作表】命令，如图 5-1-16 所示。

输入 "销售部"，按下 "Enter" 键即可【重命名】选中的工作表。

（3）通过快捷菜单重命名。右击工作表，从快捷菜单中选择【重命名】命令。

8．移动、复制工作表

（1）在同一工作簿中移动或复制工作表。

① 移动工作表。选中工作表后，拖动标签至合适的位置后放开。

② 复制工作表。选中工作表后，按住 "Ctrl" 键，按下鼠标左键不放，拖动标签到合适的位置再放开。

图 5-1-16　选择【重命名工作表】命令

（2）在不同工作簿中移动或复制工作表。

图 5-1-17　【移动或复制工作表】对话框

打开工作簿，选中需要移动或复制的工作表，如选择 "秘书处"，然后在【开始】选项卡的【单元格】功能区中单击【格式】按钮，在下拉菜单中选择【移动或复制工作表】命令，在【下列选定工作表之前】列表中选择需移动或复制的位置，这里选择【移至最后】，并在【工作簿】下拉列表框中选择 "公司人员登记表"，如图 5-1-17 所示。

单击【确定】按钮，这样 "秘书处" 就从 "公司员工档案" 工作簿中移到 "公司人员登记表" 工作簿中了。

选择【建立副本】表示复制工作表，否则是移动工作表。

9．删除工作表

删除工作表和添加工作表是相对应的，如果插入的工作表多了，或者有些工作表的内容已经不需要了，都可以选择删除工作表。删除工作表的具体操作步骤如下。

（1）打开工作簿，假如要删除 "秘书处（2）" 工作表，那么选中该工作表。

（2）在【开始】选项卡的【单元格】功能区中单击【删除】按钮，从下拉菜单中选择【删除工作表】命令。

（3）对出现的警告信息可以根据需要进行选择，若单击【删除】按钮，则系统将删除工作表，否则不会删除。

10．显示、隐藏工作表

在参加会议或演讲等活动时，若不想表格中的重要数据外泄，可将数据所在的工作表隐藏，等到需要时再将其显示。

（1）隐藏工作表。隐藏工作表的具体操作步骤如下。

① 打开工作簿，选中需要隐藏的工作表，如选中 "秘书处" 工作表。

② 在【开始】选项卡的【单元格】功能区中单击【格式】按钮，然后在下拉菜单中依次选择【可见性】|【隐藏和取消隐藏】|【隐藏工作表】命令，如图 5-1-18 所示，这样 "秘书处" 就被隐藏起来了。隐藏后的效果如图 5-1-19 所示，在工作表标签中看不到 "秘书处" 了。

图 5-1-18　选择【隐藏和取消隐藏】命令　　　　　　　图 5-1-19　隐藏后的效果

（2）显示隐藏工作表。隐藏了工作表之后，如果需要显示被隐藏的工作表，可以进行以下操作。

① 打开"公司员工档案"工作簿文件，单击【格式】按钮，在下拉菜单中依次选择【可见性】|【隐藏和取消隐藏】|【取消隐藏工作表】命令。

② 在弹出的【取消隐藏】对话框中选择需要显示的工作表，如图 5-1-20 所示。

③ 单击【确定】按钮，被隐藏的工作表就显示出来了，如图 5-1-21 所示。

图 5-1-20　【取消隐藏】对话框　　　　　　　图 5-1-21　显示"秘书处"工作表

11．保护工作簿和工作表

（1）保护工作簿。保护工作簿有两种方法。

第 1 种方法：保护工作簿的访问权限。

① 打开工作簿，单击【文件】选项卡中的【另存为】按钮，打开【另存为】对话框。

② 单击【另存为】对话框中的【工具】下拉按钮，并在下拉列表中选择【常规选项】，打开【常规选项】对话框。

③ 在打开权限密码框中输入密码，单击【确定】按钮后，要求用户再输入一次密码，以便确认。

④ 单击【确定】按钮，返回到【另存为】对话框，单击【保存】按钮即可。

若要限制修改工作簿，则在【常规选项】对话框的修改权限密码框中输入密码即可。

第2种方法，保护工作簿的结构。

防止对工作簿的结构进行不需要的更改，如移动、删除或添加工作表。可以指定一个密码，输入此密码可取消对工作簿的保护，并允许进行上述更改。

操作方法：单击【审阅】选项卡【更改】功能区中的【保护工作簿】按钮。

（2）保护工作表。

① 选择要保护的工作表。

② 在【审阅】选项卡的【更改】功能区中单击【保护工作表】按钮，出现【保护工作表】对话框。

③ 选中【保护工作表及锁定的单元格内容】复选框，在【允许此工作表的所有用户进行】下提供的选项中选择允许用户操作的项，可以键入密码，单击【确定】按钮。

12．窗口拆分和冻结

（1）拆分窗口。

方法1：将鼠标指针指向水平或垂直滚动条上的拆分条，当鼠标指针变成双箭头时，沿箭头方向拖动鼠标到适当的位置，放开鼠标即可。

方法2：单击要拆分的行或列的位置，单击【视图】选项卡【窗口】功能区中的【拆分】按钮，一个窗口被拆分为两个窗格（若单击某一单元格，则拆分为4个窗格）。

（2）冻结窗口。冻结第1行的方法：选定第2行，在【视图】选项卡的【窗口】功能区中单击【冻结窗格】按钮，在下拉菜单中选择【冻结拆分窗格】命令。

冻结前两行的方法：选定第3行，在【视图】选项卡的【窗口】功能区中单击【冻结窗格】按钮，在下拉菜单中选择【冻结拆分窗格】命令。

冻结第1列的方法：选定第2列，在【视图】选项卡的【窗口】功能区中单击【冻结窗格】按钮，在下拉菜单中选择【冻结拆分窗格】命令。

七、创新作业

（1）自制一张课程表，要求运用序列填充星期并美化工作表（风筝、萤火虫、每一朵花瓣，都会到达自己喜欢的地方）。

（2）用自动填充的方法填出如图5-1-22所示样表的各个序列。

图5-1-22　序列样表

任务二　Excel 2010 的数据计算与函数应用

张同学来到江苏财经职业技术学院教务处实习，教务处领导安排他对全院学生成绩进行统计分析如图 5-2-1 所示。每个学期，学校都要对各班、各门考试科目的考试成绩，如平均分、最高分、最低分、各分数段所占比例等各项成绩做数据统计分析，通过分析，从而了解各任课教师的教学水平和教学质量，了解学生掌握知识的程度，比较不同班级、不同教师的教学差异，及时发现与反馈教学工作中出现的问题，为下学期的课程设置和教师配备提供合理的建议，有利于提高学校的整体教学质量。

图 5-2-1　学生成绩表

学生成绩分析是对学生学期成绩的数据处理。任课教师在每学期的期末都要对学生的考试成绩进行统计分析，了解学生的学习情况，利用 Excel 2010 对学生成绩进行分析，可以充分发挥 Excel 2010 数据处理的强大功能。

本情境主要通过对学生成绩分析的操作，讲述 Excel 2010 的数据计算与函数应用。

任务实现方法如下。

（1）自动求和，计算总成绩。选择 I3 单元格，单击【自动求和】按钮，Excel 2010 自动给出求和函数 SUM，用鼠标选择求和单元格区域 C3:H3，按 "Enter" 键，求和结果显示在单元格中，如图 5-2-2 所示。

图 5-2-2　自动求和

　　其余各行总成绩的计算，通过自动填充操作完成。

　　（2）插入平均值函数 AVERAGE，计算平均成绩。选择 J3 单元格，单击【插入函数】按钮，弹出对话框，在【选择函数】列表框中选择 AVERAGE 函数，单击【确定】按钮，弹出【函数参数】对话框，在 Number1 参数框中输入 "C3:H3"，单击【确定】按钮，计算平均成绩。

　　其余各行平均成绩通过自动填充操作完成。

　　（3）插入 MAX（最大值）/MIN（最小值）函数，计算最高分与最低分。选择 C23 单元格，单击【插入函数】按钮，弹出对话框，在【选择函数】列表框中选择 MAX 函数，单击【确定】按钮，弹出【函数参数】对话框，在 Number1 参数框中输入 "C3:C22"，单击【确定】按钮，计算最高分。

　　按照同样的操作，计算最低分。

　　（4）利用 IF 函数，计算等第。根据平均成绩，自动给出每一个学生的成绩等第：60 分以下为不及格，60～75 分为及格，75～85 分为良好，85 分以上为优秀。

　　在 K3 单元格中输入公式：

　　=IF(J3<60, "不及格", IF(J3<75, "及格", IF(J3<85, "良好", "优秀")))

　　向下拖动填充柄，复制公式即可得到其余学生的成绩等第。

一、Excel 2010 公式的构成

　　（1）运算符：用运算符把常量、单元格或区域引用、函数、括号等连接起来构成了表达式，运算符有算术运算符、比较运算符、文本运算符、引用运算符等。

　　（2）单元格的引用：包括相对引用、绝对引用和混合引用。

　　（3）区域引用：区域地址（两个顶点的单元格地址用 ":" 分隔）。

　　（4）其他工作表数据的引用：由放置在一对方括号中的工作簿名、工作表名及 "!" 号、区域名组成，如 [MYBOOK.xlsx] MYSHEET! B5:D12。

二、Excel 2010 公式的输入

　　（1）选择放置计算结果的单元格。

　　（2）输入公式（以 "=" 号开头）。

三、复制公式

　　（1）相对地址：单元格地址随公式复制位置的变化而变化。

　　（2）绝对地址：公式中某一项的值固定存放在某单元格中，在复制公式时，该项地址不改变，这样的单元格地址称为绝对地址，其表达形式是在普通地址前加 "$" 符号。

四、自动求和按钮的使用

　　（1）选择存放结果的单元格地址。

　　（2）单击自动求和按钮【∑】。

　　（3）选定需要求和的各个区域。

　　（4）单击【↵】按钮。

五、输入函数

　　（1）选择放置计算结果的单元格。

　　（2）选择【fx 插入函数】命令。

　　（3）在【选择函数】框中，选择函数。

（4）单击【确定】按钮。

（5）输入函数参数，或用鼠标拖过所需参与计算的区域。

（6）单击【确定】按钮。

六、常用函数

1．SUM 函数

格式：SUM(number1,number2,…)

功能：计算单元格区域中所有数值的和。

使用平均值
函数 AVERAGE

2．AVERAGE 函数

格式：AVERAGE(number1,number2,…)

功能：返回其参数的算术平均值，参数可以是数值或包含数值的名称、数组或引用。

3．MAX 函数

格式：MAX(number1,number2,…)

功能：返回一组数值中的最大值，忽略逻辑值及文本。

4．MIN 函数

格式：MIN (number1,number2,…)

功能：返回一组数值中的最小值，忽略逻辑值及文本。

5．ROUND 函数

格式：ROUND(number,num-digits)

参数：number 为要四舍五入的数值；num-digits 执行四舍五入时采用的位数。

功能：按指定的位数对数据进行四舍五入。

6．COUNT 函数

格式：COUNT(value1,value2,…)

参数：value1,value2,…是 1 到 255 个参数，可以包含或引用各种不同类型的数据，但对数字型数据进行计数。

功能：计算区域中包含数字的单元格的个数。

说明：返回参数中包含数字单元格的个数。在计数时，把数字、空值、日期计算进去，但空白单元格和错误值或无法转化为数值的内容不计数。

例如，假设 A1:A6 单元格区域的内容分别为 "ABC" "你好" "空白单元格" "34" "453" "9月3日"，则 COUNT(A1:A6)等于 3，COUNT(A1:A6,98)等于 4。

7．COUNTA 函数

格式：COUNTA(value1,value2,…)

参数：value1,value2,…是 1 到 255 个参数，代表要进行计数的值和单元格。值可以是任意类型的信息。

功能：计算区域中非空单元格的个数。

例如，假设 A1:A6 单元格区域的内容分别为 "ABC" "你好" "空白单元格" "34" "453" "9月3日"，则 COUNT(A1:A6)等于 5，COUNT(A1:A6,98)等于 6。

8．COUNTIF 函数

格式：COUNTIF(range，criteria)

功能：计算某个区域中满足给定条件的单元格的数目。

　　参数：range 为要计算的其中非空单元格数目的区域，criteria 为以数字、表达式或文本形式定义的条件。

　　例如，A2:F2 单元格区域的内容分别为"ABC"、82、74、60、56、78，则 COUNTIF(A2:F2，"ABC")的值为 1，如图 5-2-3 所示，COUNTIF(A2:F2，">=60")的值为 4，如图 5-2-4 所示。

图 5-2-3　COUNTIF(A2:F2,"ABC")的值　　　　图 5-2-4　COUNTIF(A2:F2,">=60")的值

9．SUMIF 函数

　　格式：SUMIF(Range，Criteria，Sum_Range)

　　功能：对满足条件的单元格求和。

　　参数：Range 表示条件判断的单元格区域，Criteria 为指定条件的表达式，Sum_Range 表示需要计算的数值所在的单元格区域。

　　例如，在 D23 单元格中输入以下公式，如图 5-2-5 所示。

=SUMIF(C3:C22,"男",D3:D22)

　　即可求出男生高等数学的成绩总和。

　　其中，"男"由于是文本型，需加英文状态下的双引号。

10．IF 函数

　　格式：IF(logical_test，value_if_true，value_if_false)

　　功能：对一个条件表达式进行判断，如果为真，返回一个值，否则返回另一个值。

　　参数：logical_test 为条件表达式，value_if_true 条件表达式为真返回的值，value_if_false 条件表达式为假返回的值。

　　例如，在 E3 单元格中输入以下公式，如图 5-2-6 所示：

使用 IF 嵌套函数

图 5-2-5　求男生高等数学的成绩总和　　　　图 5-2-6　备注栏中加上"及格"或"不及格"标志

=IF(D3<60,"不及格","及格")，即可在"备注"列中标上"及格"或"不及格"。

IF 函数也可以嵌套使用，最多可以嵌套 7 层，当然也可以嵌套使用其他函数。

11. VLOOKUP 函数

格式：VLOOKUP(lookup-value,table-array,col-index-num,range-lookup)

参数：

lookup-value 为需要在数据表首列进行搜索的值，可以是数值、引用或字符串。

table-array 为需要在其中搜索数据的信息表，可以是对区域或区域名称的引用。

col-index-num 为满足条件的单元格在数组区域 table-array 中的列序号，首列序号为 1。

range-lookup 指定在查找时是要求精确匹配还是大致匹配，如果为 FALSE，则为大致匹配，如果为 TRUE，则为精确匹配。

功能：搜索表区域首列满足条件的元素，确定待检索单元格在区域中的行序号，再进一步返回选定单元格的值。

例 1：用 vlookup 函数查找刘海总分，在 E16 单元格中输入"=vlookup(b10,b7:l14,8,false)"，如图 5-2-7 所示。

图 5-2-7 用 vlookup 函数查找刘海总分

例 2：用 vlookup 函数查找会计基础最高分的同学总分的名次，在 F10 单元格中输入"=vlookup(max(e2:e8),e1:l8,6,false)"，如图 5-2-8 所示。

图 5-2-8 用 vlookup 函数查找会计基础最高分的同学总分的名次

12. RANK 函数

格式：RANK(number,ref,order)

参数：

number 是要查找排名的数字。

Ref 是一组数或对一个数据列表的引用。非数字值将被忽略。

Order 是在列表中排名的数字，如果为 0 或忽略，则为降序；非零值，则为升序。

功能：返回某数字在一列数字中相对其他数值的大小排名。

例如，在 J 列中统计"总分名次"，在 J2 中输入"=RANK(I2,$I$2:$I$8)"，向下拖动填充柄即可统计所有人的总分排名，如图 5-2-9 所示。

图 5-2-9　在 J 列中统计"总分名次"

13. LARGE 函数

格式：LARGE(array,k)

参数：

array 用来计算第 k 个最大值点的数值数据或数值区域。

K 所要返回的最大值点在数组或数据区中的位置（从最大值开始）。

功能：返回数据组中第 k 个最大值。

例如，在 F11 单元格中统计出"会计基础"课程正数第 3 名同学的分数，在 F11 中输入"=LARGE(E2:E8,3)"，如图 5-2-10 所示。

图 5-2-10　在 F11 单元格中统计出"会计基础"课程正数第 3 名同学的分数

14. SMALL 函数

格式：SMALL(array,k)

参数：

array 用来计算第 k 个最小值点的数值数据或数值区域。

k 所要返回的最小值点在数组或数据区中的位置（从最小值开始）。

功能：返回数据组中第 k 个最小值。

例如，在 F12 单元格中统计出"会计基础"课程倒数第 2 名同学的分数，在 F12 中输入"=SMALL(E2:E8,2)"。

15. AND 函数

格式：AND(logical1,logical2,…)

参数：logical1,logical2, …是 1 到 255 个结果为 TRUE 或 FALSE 的检测条件，检测内容可以是逻辑值、数组或引用。

功能：检查是否所有参数均为 TRUE，如果所有参数值均为 TRUE，则返回 TRUE。

例如，在 F12 单元格中输入=AND(32>22,1+2=4,c3="男")，结果为 FALSE。

16. OR 函数

格式：OR(logical1,logical2, …)

参数：logical1,logical2, …是 1 到 255 个结果为 TRUE 或 FALSE 的检测条件，检测内容可以是逻辑值、数组或引用。

功能：如果任一参数值为 TRUE，则返回 TRUE，只有当所有参数值均为 FALSE 时才返回 FALSE。

例如，在 F12 单元格中输入=OR(32>22,1+2=4,c3="男")，结果为 TRUE。

17. MATCH 函数

格式：MATCH(lookup-value, match-type)

参数：

lookup-value 为在数组中所要查找匹配的值，可以是数值、文本或逻辑值，或者对上述类型的引用。

lookup-array 含有要查找的值的连续单元格区域。

match-type 为数字−1、0 或 1，指定了 lookup-value 与 lookup-array 中数值进行匹配的方式。

功能：返回符合特定值特定顺序的项在数组中的相对位置。

例如，要查找"刘强"在"姓名"列（b3:b22）中处于第几行，则输入=match("刘强",b3:b22,0)，结果为 4，说明在第 4 行。

18. SQRT 函数

格式：SQRT(number)

参数：number 为要对其求平方根的数值。

功能：返回数值的平方根。

例如，在 A3 单元格中输入=SQRT(256)，结果为 16。

19. ABS 函数

返回给定数值的绝对值。

20. INT 函数

将数值向下取整为最接近的整数。

21．NOW()函数

返回日期时间格式的当前日期和时间。

22．TODAY()函数

返回日期格式的当前日期。

23．YEAR、MONTH、DAY 函数

YEAR 函数，返回日期的年份值。

MONTH 函数，返回日期的月份值。

DAY 函数，返回一个月中的第几天的数值。

24．HOUR、MINUTE、SECOND 函数

HOUR 函数，返回小时数值。

MINUTE 函数，返回分钟数值。

SECOND 函数，返回秒数值。

七、拓展与技巧

利用 AND 函数、IF 函数嵌套应用，审核是否具备三好学生资格。

AND 函数格式：AND(logical1，logical2，…)

功能：当逻辑表达式全部为真时，AND 函数值为真，否则为假。

三好学生资格为：平均成绩大于 80 分，同时量化为 "A"。

在 M3 中输入公式=IF(AND(K3>80，L3="A")，"具备"，"-")，如图 5-2-11 和图 5-2-12 所示，即可求出第一位同学是否具备三好学生资格，其余同学复制公式即可。

图 5-2-11　AND 函数、IF 函数嵌套应用 1

图 5-2-12　AND 函数、IF 函数嵌套应用 2

八、创新作业

完成成绩分析统计，如图 5-2-13 所示，要求如下。

（1）班级人数统计用 COUNT 函数。

（2）男（女）生人数统计用 COUNTIF 函数。

（3）男（女）生 "高等数学" 总和用 SUMIF 函数。

（4）等级设置为 "优秀（总分大于 180 分）" "良好（总分介于 160 分和 180 分之间）" "中等（总分小于 160 分）"，用 IF 函数嵌套完成。

（5）总分大于 180 分的人数用 COUNTIF 函数完成。

图 5-2-13　成绩分析统计

任务三　Excel 2010 的数据管理

张同学来到大华科技有限公司实习，公司领导安排他对员工工资数据进行统计分析。张同学利用 Excel 2010 强大的数据管理功能，对员工工资数据进行了科学分析。他采用了 Excel 2010 排序、自动筛选、高级筛选、数据分类汇总、数据透视表等功能，圆满地完成了任务。

任务实现方法如下。

Excel 2010 不仅提供了制表、制图、计算功能，还提供了数据管理功能，如排序、筛选、汇总等方面的功能，特别是提供了数据透视和数据分析功能。

为了实现数据管理与分析，Excel 2010 要求数据必须按数据清单格式来组织，图 5-3-1 是一个典型的数据清单，它满足如下数据清单的准则。

图 5-3-1　数据清单

- 每列应包含相同类型的数据,列表第一行或前两行由字符串组成,而且每一列均不相同,称为字段名。
- 每行应包含一组相关的数据，称为记录。

- 列表中不允许出现空行、空列（空行、空列用于区分数据清单区与其他数据区）。
- 单元格内容开头不要加无意义的空格。
- 每个数据清单最好占一张工作表。

一、数据排序

实际工作中，经常需要对工作表中的数据按照某种顺序排列，以便数据有条理性，并且能快速查找到需要的数据。Excel 2010 可以对整个数据清单的数据进行排序，也可以对某一列或所选定的单元格区域进行排序。

数据排序是指对选定单元格区域中的数据以升序或降序方式重新排列，便于浏览和分析，是将无序数据变成有序数据，便于数据管理。排序方法有简单排序和多条件排序。

1．简单排序

将光标置于待排序数据区域的任意一个单元格中，在【数据】选项卡的【排序与筛选】功能区中单击【升序】或【降序】按钮，即可对工作表数据进行简单排序。

2．【排序】按钮

下面介绍有关排序的操作按钮，操作步骤如下。

（1）打开工作表，选中任一列，如 E 列。

（2）在【数据】选项卡的【排序与筛选】功能区中单击【排序】按钮，打开【排序】对话框，如图 5-3-2 所示。

图 5-3-2 【排序】对话框

（3）设置主要关键字条件。在默认情况下，打开【排序】对话框时会出现一个【主要关键字】下拉列表框，设置参数如图 5-3-3 所示。

图 5-3-3 设置主要关键字

（4）添加条件。单击【添加条件】按钮，在【主要关键字】下拉列表框下方会出现【次要关键字】下拉列表框，排序时主要关键字是必需的，次要关键字可根据需要选用，如果同时选择，则排序时先按主要关键字排序，主要关键字数据值相同的行，再按次要关键字排序，设置如图 5-3-4 所示。

图 5-3-4 设置次要关键字

（5）删除次要关键字条件。选择【次要关键字】条件，单击【删除条件】按钮，如图 5-3-5 所示。

图 5-3-5　删除条件

（6）复制关键字。选择要复制的关键字，单击【复制条件】按钮，在【主要关键字】的条件下方会出现【次要关键字】的条件，此时【主要关键字】的条件与【次要关键字】的条件相同，结果如图 5-3-6 所示。

（7）选择排序的方向与方法。单击图 5-3-6 中的【选项】按钮，打开如图 5-3-7 所示的【排序选项】对话框，在此可以对排序条件进行更详细的设置。

图 5-3-6　复制关键字　　　　　　　　　　　图 5-3-7　【排序选项】对话框

（8）数据包含标题。不选中【数据包含标题】复选框，如图 5-3-8 所示，工作表中的数据不包含 A1:I1 单元格区域。此时按主要关键字"员工编号"排序，对标题之外的数据进行排序，这往往不是我们所要的结果。如果选中【数据包含标题】复选框，如图 5-3-9 所示，则标题也参与排序。

图 5-3-8　排序的数据不包含标题

图 5-3-9 排序数据包含标题

3．多条件排序

数据的多条件排序是指按照多个条件进行排序，这是针对使用单一条件排序后仍有相同数据的情况进行的一种排序方式。多条件排序的具体方法如下。

（1）打开工作表，选定参与排序的数据，没有选中的数据不参加排序。如果是对所有数据进行排序，则不必选定排序数据区域，系统在排序时默认选择所有数据。在【数据】选项卡的【排序与筛选】功能区中单击【排序】按钮，弹出【排序】对话框。

（2）单击【添加条件】按钮，在【主要关键字】下面会出现【次要关键字】。

（3）在【次要关键字】下拉列表框中选择【员工姓名】选项，这表示按照主要关键字进行排序后还要按照次要关键字继续排序。

（4）选择排序的次序，如按主要关键字升序排列，按次要关键字降序排列，如图 5-3-10 所示。

（5）如果要将员工姓名按笔划进行排序，则单击【选项】按钮，弹出【排序选项】对话框，在【方法】功能区中选中【笔划排序】单选按钮，如图 5-3-11 所示。

图 5-3-10 选择排序的次序　　　　　　　图 5-3-11 【排序选项】对话框

二、数据筛选

筛选是一种在工作表数据清单中查找所需数据的快速方法。筛选功能可以使 Excel 2010 只显示出符合指定条件的记录，隐藏那些不满足指定条件的记录，当然可以只将筛选显示出的记录直接打印输出。

Excel 2010 提供了自动筛选和高级筛选两种方法，其中自动筛选用于满足简单条件的筛选，高级筛选用于满足复杂条件的筛选。

如果用户需要浏览或者操作的只是数据表中的部分数据，为了方便操作，加快操作速度，往往把需要的记录筛选出来作为操作对象而将无关的记录隐藏起来，使之不参与操作。筛选就是在工作表中只显示满足给定条件的数据，而不显示不满足条件的数据。因此，筛选是一种用于查找数据清单中满足给定条件的记录，它与排序不同，它并不重排数据清单，而只是将不必显示的行暂时隐藏。

Excel 同时提供了自动筛选和高级筛选两种命令来筛选数据。自动筛选可以满足大部分需要，然而当要按更复杂的条件来筛选数据时，则需要使用高级筛选。

1．自动筛选

自动筛选，顾名思义，就是按照一定的条件自动将满足条件的记录筛选出来。下面，我们以筛选价格在 90～200 元的内存为例来介绍自动筛选的方法。

在待筛选数据区域中选定任意一个单元格，然后在【数据】选项卡【排序和筛选】区域中单击【筛选】按钮，该按钮呈现选中状态，Excel 便会在工作表中每个列的列标题右侧插入一个下拉箭头，单击下拉箭头，会出现一个下拉菜单。在该下拉菜单中选择筛选项对应的复选框，将在工作表中只显示包含所选项的行，如图 5-3-12 所示。

图 5-3-12　选择筛选条件

图 5-3-13　【自定义自动筛选方式】对话框

如果筛选的条件有多个，如筛选价格在 90～200 元的内存，那么可以在下拉菜单【数据筛选】的级联菜单中选择【自定义筛选】命令，打开【自定义自动筛选方式】对话框，如图 5-3-13 所示。

如果要显示所有被隐藏的行，则在【数据】选项卡【排序和筛选】区域中单击【清除】按钮即可；也可以在下拉菜单中选择【全选】复选框。

如果要移去【自动筛选】下拉箭头，并全部显示所有的行，则在【数据】选择卡【排序和筛选】区域中再一次单击【筛选】按钮，使该按钮呈现非选中状态即可。

2．高级筛选

对于筛选条件较为复杂或必须经过计算才能进行的查询，可以使用高级筛选方式。这种筛选方式需要定义 3 个单元格区域：定义查询的数据区域、定义查询的条件区域和定义存放筛选结果的区域，当这些区域都定义好后便可以进行筛选。

例如，筛选出价格在 90～200 元，同时销售额在 10 000 元以上的内存与价格低于 400 元的硬盘。

（1）选择条件区域与设置筛选条件。选择工作表的空白区域作为条件区域，同时设置筛选条件，设置筛选条件如下。

- 筛选条件区域的列标题和条件应放在不同的单元格中。
- 筛选条件区域的列标题应与数据区域的列标题完全一致，可以使用复制与粘贴的方法。
- "与"关系的条件必须出现在同一行。
- "或"关系的条件不能出现在同一行。

（2）设置高级筛选。在【数据】选项卡【排序和筛选】区域中单击【高级】按钮，打开【高级筛选】对话框，在该对话框中进行以下设置。

- 设置【方式】，在【方式】区域指定筛选结果存放的位置，如选择【将筛选结果复制到其他位置】单选按钮。
- 设置【列表区域】，在【列表区域】编辑框中输入单元格区域地址或者利用【折叠】按钮在工作表中选择数据区域。
- 设置【条件区域】，在【条件区域】编辑框中输入单元格区域地址或者利用【折叠】按钮在工作表中选择条件区域。
- 设置【存放筛选结果的区域】，在【复制到】编辑框中输入单元格区域地址或者利用【折叠】按钮在工作表中选择存放筛选结果的区域。

如果选择【选择不重复的记录】复选框，则筛选结果不会出现完全相同的两行数据，如图 5-3-14 所示。

（3）执行高级筛选。在【高级筛选】对话框中设置完成后，单击【确定】按钮，执行高级筛选，如图 5-3-15 所示。

图 5-3-14 【高级筛选】对话框

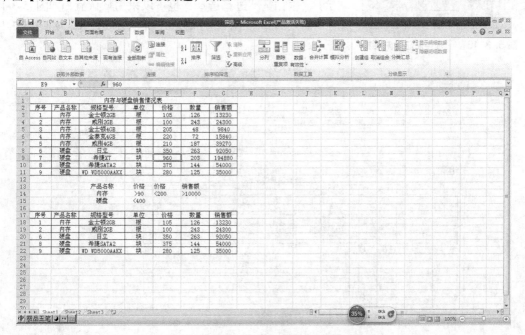

图 5-3-15 高级筛选的结果

三、分类汇总

分类就是按指定字段排序，将同类的记录排列在一起。汇总就是按另外指定的多个字段对同类记录值进行汇总。汇总方式包括求和、平均值、统计个数、最大值、最小值等。

Excel 分类汇总是对工作表中数据清单的内容进行分类，就是按指定字段排序，将同类的记录排列在一起，然后按另外指定的多个字段对同类记录值进行汇总。汇总方式包括求和、计数、平均值、最大值、最小值等，由用户进行选择。

分类汇总只能对数据清单进行，数据清单的第一行必须有列标题。在进行分类汇总前，必须根据分类汇总的数据类对数据清单进行排序。

利用【数据】选项卡【分级显示】组中的【分类汇总】命令可以创建分类汇总。在打开的【分类汇总】对话框中选择分类字段、汇总方式、汇总项等。

例如，按照产品名称进行汇总，汇总出内存和硬盘的数量和销售额的总和。

先按产品名称排序，然后将光标置于待分类汇总数据区域的任意一个单元格中，在【数据】选项卡【分级显示】组中单击【分类汇总】命令，打开【分类汇总】对话框，进行下列设置。

（1）在【分类字段】下拉列表框中选择需要用来分类汇总的数据列，如选择【产品名称】。

图 5-3-16 【分类汇总】对话框

（2）在【汇总方式】下拉列表框中选择所需的用于计算分类汇总的方式，包括求和、计数、平均值、最大值、最小值、乘积、数值计数、标准偏差、方差等多个选项，如选择【求和】。

（3）在【选定汇总项】下拉列表框中选择需要进行汇总计算的数值列所对应的复选框，可以选中一个或多个复选框，如选中【数量】和【销售额】。

（4）在【分类汇总】对话框的底部有 3 个复选项【替换当前分类汇总】、【每组数据分页】和【汇总结果显示在数据下方】，根据需要进行选择，也可以采用默认值，如图 5-3-16 所示。然后单击【确定】按钮，完成分类汇总，如图 5-3-17 所示。

图 5-3-17 分类汇总后的工作表

分类汇总完成后，Excel 会自动对工作表中的数据进行分级显示，在工作表窗口的左侧会出现分级显示区，列出一些分级显示称号，允许对分类后的数据显示进行控制。默认情况下，数据按三级显示，可以通过单击工作表左侧的分级显示区顶端的 3 个按钮进行分级显示切换。分级显示区还有低一级向高一级的【折叠】按钮和高一级向低一级的【展开】按钮。

当需要取消分类汇总恢复工作表原状时，在【分类汇总】对话框中单击【全部删除】按即可。

四、数据透视表和数据透视图

Excel 的数据透视表和数据透视图比普通的分类汇总功能更强，可以按多个字段进行分类，便于从多方向分析数据。例如，分析某个班级不同性别学生 3 门课程的平均分，或者分析某一性别不同班级学生 3 门课程的平均分，用多重分类汇总可以实现，但比较麻烦，而用数据透视表和数据透视图则可以轻松地实现，如图 5-3-18 所示。

姓名	班级	性别	高等数学	大学英语	基础会计
王大伟	1班	男	78	80	78
李博	1班	男	89	86	98
马宏军	1班	男	90	92	77
丁一平	2班	男	69	74	89
程小霞	1班	女	79	75	86
李枚	2班	女	96	95	87
张珊珊	2班	女	60	68	89
柳亚萍	2班	女	72	79	86
李平	2班	男	76	87	75
刘英	1班	女	99	88	88

图 5-3-18　学生成绩表

（1）启动数据透视表和数据透视图向导。单击数据源中的任一单元格，在【插入】选项卡【表格】区域中单击【数据透视表】按钮，在其下拉菜单中选择【数据透视表】命令，如图 5-3-19 所示，打开【创建数据透视表】对话框，如图 5-3-20 所示。

图 5-3-19　选择【数据透视表】命令

图 5-3-20　【创建数据透视表】对话框

（2）在【创建数据透视表】对话框的【请选择要分析的数据】区域选择【选择一个表或区域】单选按钮，然后在【表/区域】编辑框中直接输入数据区域的地址，或者单击右侧的【折叠】按钮，折叠该对话框。在工作表中拖动鼠标选择数据区域，所选中区域的绝对地址在折叠对话框的编辑框中显示。在折叠对话框中单击【返回】按钮，返回折叠之前的对话框。

在【创建数据透视表】对话框的【选择放置数据透视表的位置】区域选择【新工作表】。当然，这里也可以选择【现有工作表】单选按钮，然后在【位置】编辑框中输入放置数据透视表的区域地址。

（3）在【创建数据透视表】对话框中单击【确定】按钮，进入数据透视表设计环境，如图 5-3-21 所示。

（4）在数据透视表设计环境中，从【选择要添加到报表的字段】列表框中将"班级"字段拖动到【行标签】框中，将"性别"字段拖动到【列标签】框中，将"高等数学"字段拖动到【数值】框中。如图 5-3-22 所示。

图 5-3-21　数据透视表设计环境

图 5-3-22　拖动字段

（5）在【数值】框中单击【求和项】按钮，在弹出的下拉菜单中选择【值字段设置】命令，打开【值字段设置】对话框，在其中选择【平均值】选项，如图 5-3-23 所示。

然后，单击【数字格式】按钮，打开【设置单元格格式】对话框，在对话框左侧的【分类】列表框中选择【数值】选项，将【小数位数】设置为"1"，单击【确定】按钮返回【值字段设置】对话框。在【值字段设置】对话框中单击【确定】按钮，完成数据透视表的创建（用同样的方法将"大学英语"和"基础会计"拖入【数值】框中）。

（6）设置数据透视表的格式。将光标置于数据透视表区域的任意一个单元格中，切换到【数据透视表工具】的【设计】选项卡，在【数据透视表样式】区域中单击选择一种合适的表格样式，如图 5-3-24 所示。

图 5-3-23　【值字段设置】对话框

图 5-3-24　在【数据透视表样式】区域中选择一种合适的表格样式

切换到【数据透视表工具】的【选项】选项卡，如图 5-3-25 所示，利用该选项卡中的命令可以对创建的数据透视表进行多项操作，也可以对数据透视表进行编辑修改。

图 5-3-25　【数据透视表工具】的【选项】选项卡

创建数据透视图的方法与创建数据透视表类似，这里不再赘述。

数据透视表是交互式报表，可快速合并大量数据。当需要对清单进行多种比较时，即可以使用数据透视表。

五、拓展与技巧

将学生成绩表中的"姓名"按笔画排序，学生成绩表如图 5-3-26 所示。

选择【排序】命令，在【排序】对话框中单击【选项...】按钮，在【排序选项】对话框中选中【笔画排序】单选按钮，如图 5-3-27 所示。排序结果如图 5-3-28 所示。

图 5-3-26 学生成绩表

图 5-3-27 选择【笔画排序】

图 5-3-28 排序结果

六、创新作业

（1）对各年级成绩表按高一、高二、高三的次序排列，如图 5-3-29 所示。

（2）要求完成以下操作，如图 5-3-30 所示。

图 5-3-29 各年级成绩表

图 5-3-30 人员工资表

① 建立数据透视表，行标签为"部门"，列标签为"分公司"，数值为"工资"，汇总方式为"求和"。

② 设置保护工作表，使得"工资"列 F3:F20 不可更改。

③ 将工作表排序，关键字为"分公司"，排列顺序为"北京、南京、上海"。

任务四 Excel 2010 图表制作

张同学来到江苏财经职业技术学院教务处实习，领导给他安排的工作任务是对师资数据进行统计分析，统计教师的年龄结构、职称结构和专兼职教师比例结构等。张同学利用 Excel 2010 图表功能，圆满地完成了工作任务，领导对他评价很高，他非常高兴，真正感觉到学有所用。

师资队伍结构是评估一个学校、一个专业建设情况的主要信息。为了更直观地显示数据统计结果，往往将统计数据图表化。Excel 2010 图表工具可以建立多种类型的数据图表，实现数据直观化的目的。

任务实现方法如下。

本节将介绍 Excel 2010 中的图表，包括创建图表和编辑图表等内容。在处理电子表格时，要对大量烦琐的数据进行分析和研究，有时需要利用图形的方式再现数据变动和发展趋势。Excel 2010 提供了强有力的图表处理功能，可以快速得到所要的图表。

一、创建图表

Excel 提供了丰富的图表类型，每种图表类型又有多种子类型，此外用户还可以自定义图表类型。用户准备好要用于创建图表的工作表数据后，可以使用 Excel 2010 的【插入】选项卡中的【图表】功能区来创建各种类型的图表。

选择含有要在图表中使用的数据的单元格后，在【图表】功能区中单击与所需类型相对应的图表按钮，然后在下拉菜单中选择所需的子类型命令，即可快速创建图表，并且自动在功能区中显示【图表工具】。

创建图表的具体操作步骤如下。

（1）选择创建图表所需的数据。

（2）单击【图表】功能区中与所需类型相对应的图表按钮，然后在下拉菜单中选择所需的子类型命令，如图 5-4-1 所示。

图 5-4-1 选择图表类型

（3）在【图表工具】/【布局】选项卡中对图表标题、坐标轴标题、网格线、图例、数据标签和背景等进行设置。在【图表工具】/【设计】选项卡中进行更改图表类型、切换行/列、选择数据、图表布局、图表样式和图表位置等的设置。在【图表工具】/【格式】选项卡中进行形状样式的设置。设置结束后即可完成图表的创建，如图 5-4-2 所示。

二、编辑图表

图表创建完毕后，可以根据需要对图表中的数据、图表对象及整个图表的显示风格等进行修改，如更改图表类型、更改数据系列产生的方式、添加或删除数据系列，以及向图表中添加文本等。

1. 选择图表对象

在对图表对象进行编辑时，必须先选择它们。若要选择整个图表，只需在图表中的空白处单击即可；若要选择图表中的对象，则要单击目标对象。此外，也可以切换到【图表工具|格式】选项卡，在【当前所选内容】功能区的【图表元素】下拉列表框中选择所需元素的名称，以选

择相应的元素。选中的图表元素外侧将出现矩形选择框。若要取消对图表或图表元素的选择，只需在图表或图表元素外的任意位置单击即可。

图 5-4-2　在【图表工具】/【布局】选项卡中进行设置

2．改变图表类型

图表被创建之后仍可以更改图表的类型。在 Excel 2010 中更改图表类型非常简单，只需选择图表，在【插入】选项卡的【图表】功能区中选择其他图表类型即可。

如果当前显示的是【图表工具|设计】选项卡，单击【类型】功能区中的【更改图表类型】按钮，如图 5-4-3 所示。在弹出的【更改图表类型】对话框中，选择【柱形图】选项卡的某一子类型，如图 5-4-4 所示，然后单击【确定】按钮。

图 5-4-3　【类型】功能区

图 5-4-4　【更改图表类型】对话框

三、在工作表中建立超链接

1．建立超链接

（1）选定要建立超链接的单元格或单元格区域。

（2）右击鼠标，在弹出的快捷菜单中选择【超链接】命令，打开【插入超链接】对话框。

设置超链接

（3）在对话框的【链接到】栏中单击【本文档中的位置】（单击【现有文件或网页】可链接到其他工作簿中），在右侧的【请键入单元格引用】中输入要引用的单元格地址，在【或在此文档中选择一个位置】处，选择一个工作表。

（4）单击对话框右上角的【屏幕提示】，打开【设置超链接屏幕提示】对话框，在对话框中输入信息，当鼠标指针放置在建立的超链接位置时，显示相应的提示信息，单击【确定】按钮即完成。

取消超链接则在已建立超链接的单元格中右击，在弹出的快捷菜单中选择【取消超链接】命令即可。

2．建立数据链接

（1）打开某工作表选择数据，在【开始】选项卡的【剪贴板】命令组中单击【复制】按钮复制选择的数据。

（2）打开要关联的工作表，在工作表中指定的单元格内粘贴数据，在【粘贴选项】中选择【粘贴链接】即可。

四、拓展与技巧

在图表中使用其他色填充，操作方法如下：

设置图表中的数据柱为红色，单击【绘图】工具栏上的矩形按钮，在工作表任意区域绘制一个矩形，设置填充颜色为红色，执行【复制】操作，单击图表中的数据系列颜色柱，执行【粘贴】操作，则使选中的颜色柱变为矩形的红色填充颜色。

五、创新作业

如何建立组合图表？

任务五　工作表打印

当用户制作好工作表之后，如图 5-5-1 所示，通常还需要将工作表的内容打印出来，Excel 2010 为用户提供了丰富的打印功能，如设置打印区域、页面设置、打印预览等。

	A	B	C	D	E	F
1			销售统计表			
2	编号	货物名称	规格	单价(元)	销售量(公斤)	
3	103791	砀山梨	DB-2	4.45	4123	
4	103792	砀山梨	DB-3	4.3	5369	
5	103793	鸭梨	DB-1A	4.56	2511	
6	103794	莱阳梨	GB-2A	3.98	2720	
7	103795	莱阳梨	GB-1A2	3.8	2105	
8	103796	雪梨	GB-3D0	4.65	1360	
9	103797	雪梨	GB-1D2	4.25	2565	
10	103798	芦柑	PB-3.0	3.9	4630	
11	103799	芦柑	PB-2.2	3.65	4563	
12	103800	焦柑	YB-22	2.85	5332	
13						
14						

图 5-5-1　销售统计表

工作表建立后，可以将其打印出来。在打印前最好能看到实际打印效果，以免多次进行打印调整，浪费时间和纸张。Excel 2010 提供了打印前能看到实际打印效果的"打印预览"功能，实现了"所见即所得"。

在打印预览中，可能会发现页面设置不合适，如页边距太小、分页不适当等问题。在预览模式下可以进行调整，直到满意后再进行打印。

本任务介绍工作表的打印，包括页面设置、打印预览及打印等内容。工作表和图表建立后，可以将其打印出来。

一、页面设置

在打印工作表之前，先要进行页面设置，在【页面布局】选项卡中进入【页面设置】功能区。

1. 【页面设置】功能区

页面设置包括页边距、纸张大小、纸张方向、打印区域、分隔符、背景和打印标题等。

（1）页边距。页边距用于设置工作表的边距大小。

（2）纸张方向。纸张方向可以选择【纵向】或【横向】打印。

（3）缩放比例。缩放比例一般采用100%（1：1）比例打印。如果行尾数据未打出来，或者工作表末页只有一行，要将这行合并到上一页，可以采用缩小比例打印，使行尾数据能打印出来，或使末页一行能合并到上一页。有时需要调整比例打印，可以根据需要指定缩放比例（10%～400%）。

另外，还可以用页高和页宽来调节。例如，要使一页多打印几行，可以调整页高；要使一页多打印几列，可以调整页宽。

（4）纸张大小。纸张大小用于指定当前工作表的页面大小。如果要将特定页面应用到工作簿中的所有工作表，可在【纸张大小】下拉菜单中选择【其他纸张大小】命令，在【页面设置】对话框中切换到【页面】选项卡，从中进行所需的设置。

（5）打印质量。打印质量单击【打印质量】下拉按钮"▼"，在出现的下拉列表框中选择一种，如600点/英寸。这个数字越大，打印质量越高，打印速度也越慢。

（6）起始页码。起始页码确定工作表的起始页码，在【起始页码】栏为"自动"时，起始页码为1，当然也可以输入其他数字。例如，输入2，则工作表第一页的页码为2。

（7）背景。背景用于设置工作表背景图像。

2. 设置页边距

设置页边距的具体操作步骤如下。

（1）打开【页面布局】选项卡，在【页面设置】功能区中选择设置页面需要的命令。

（2）单击【页边距】按钮，打开下拉菜单，如图5-5-2所示。Excel 2010预设了3种页边距，可以选择需要的设置，如果都不满意，可以选择最下方的【自定义边距】命令，打开【页面设置】对话框。

（3）在【页面设置】对话框中，将【上】改为"1"，【下】改为"1"，在【居中方式】功能区中选中【水平】和【垂直】复选框，如图5-5-3所示。

（4）单击【确定】按钮，所设置的页面布局已经出现在【页边距】下拉菜单中了，如图5-5-4所示。

3. 设置纸张大小及方向

（1）在【页面布局】选项卡的【页面设置】功能区中，选择设置页面需要的命令。

（2）单击【纸张大小】按钮，打开下拉菜单，如图5-5-5所示。Excel 2010包含了很多纸张类型。这里选择"A4，210毫米×297毫米"，也就是普通的A4纸。如果要打印的内容比较特殊，在下拉菜单中没有需要的纸张类型，可以选择最下方的【其他纸张大小】命令，打开【页面设置】对话框。

图 5-5-2　选择页边距种类

图 5-5-3　设置页边距

图 5-5-4　显示上次自定义页边距的设置

图 5-5-5　选择纸张大小

（3）切换到【页面设置】对话框的【页面】选项卡，在【纸张大小】下拉列表框中选择纸张大小即可，如图 5-5-6 所示。

（4）设置纸张的方向。单击【纸张方向】按钮，打开如图 5-5-7 所示的下拉菜单，可以根据需要选择【纵向】或【横向】命令，这里选择【纵向】命令。

二、打印预览

在【文件】选项卡中单击【打印】按钮，如图 5-5-8 所示，最右侧显示预览图。打印预览感到满意后就可以正式打印了。单击【打印】按钮，即可开始打印。

图 5-5-6 【页面设置】对话框　　　　　　　　图 5-5-7　设置纸张方向

图 5-5-8　进行打印预览

任务六　综合实训

一、实训描述与分析

　　每个学期，学校都要对各班、各门考试科目的考试成绩，如班级平均分、最高分、最低分、各分数段等级所占比例等做各项数据统计分析。

　　教务处通过对各班、各门课程的成绩做统计分析，从而了解各任课教师的教学水平和教学质量，了解学生掌握知识的程度，比较不同班级、不同教师的教学差异，及时发现与反馈教学工作中出现的问题，为各班下学期的课程设置和教师配备提供合理的建议，有利于提高学校的整体教学质量。

本实训要求学生以所在年级的成绩数据为例，模拟教务处实施学生成绩管理（本年级至少有 3 个班，每个班至少有 30 名学生，考试科目不少于 4 门课程），其中包括根据各任课教师传来的单项成绩单，汇总成班级成绩总表，打印每位学生的个人学期成绩单，根据各班的成绩做数据统计分析，制作图表，撰写学生成绩质量分析报告，上报给校长办公室并发送给各班主任。

二、实训要求

（1）各班级的单科成绩应包含平时成绩、期中考试成绩和期末考试成绩。按照平时成绩占 20%、期中考试成绩占 30%、期末考试成绩占 50%的比例，计算每位同学各门课程的学期总评成绩。

（2）分别计算各门课程的平均成绩、最高分和最低分。

（3）分别计算各门课程各分数段的等级比例并制作相关的图表。

（4）制作全班总成绩表，并按各门课程的学期总评成绩，求出每位学生的总成绩。

（5）根据总成绩，排出全班同学的学期总评成绩名次及等级，并按等级发放奖学金。

（6）用柱形图显示全班各门课程的平均分。

（7）制作每位学生的学期成绩单，并发给学生。

（8）用饼图显示各门课程各分数段的等级比例。

（9）按不同班级、不同考试科目做数据透视表和数据透视图。

（10）书写一篇图文并茂的年级学期成绩分析报告，要求有成绩表格、图表和文字说明。

三、提示

（1）上交电子版的内容应包括各个班各科成绩的原始数据、汇总后各班级的成绩单、各班级名次排列、全年级的数据透视表、项目要求中的各种图表、可打印的学生成绩单和年级学期成绩分析报告。

（2）上交纸质内容为一份包括封面的年级学期成绩分析报告，内容自行组织。

习　题

1. 通常一个 Excel 2010 文件就是（　　　）。
   A. 一个工作表　　　　　　　　　　B. 一个工作表和统计表
   C. 一个工作簿　　　　　　　　　　D. 若干个工作簿

2. 在 Excel 2010 工作表中，当前单元格的填充柄在其（　　　）。
   A. 左上角　　　　B. 右上角　　　　C. 左下角　　　　D. 右下角

3. 在工作表中按缺省规定，单元格中的数值在显示时（　　　）。
   A. 靠右对齐　　　　B. 靠左对齐　　　　C. 居中　　　　D. 不定

4. 如果在工作表中的第 4 行和第 5 行之间插入 2 个空行，首先选取的行号是（　　　）。
   A. 4　　　　B. 5　　　　C. 4、5　　　　D. 5、6

5. 在 Excel 2010 的单元格中，如要输入数字字符串 0810201（学号）时，应输入（　　　）。
   A. 0810201　　　　B. "0810201"　　　　C. 0810201'　　　　D. '0810201

6. 在工作表中的某个单元格内直接键入"6-20"，Excel 2010 认为这是一个（　　　）。
   A. 数值　　　　B. 字符串　　　　C. 时间　　　　D. 日期

7. 为了复制一个工作表，用鼠标拖动该工作表标签到达复制位置的同时，必须按下（　　　）。
   A. "Alt"键　　　　　　　　　　B. "Ctrl"键
   C. "Shift"键　　　　　　　　　　D. "Ctrl+Shift"组合键

8. 在工作表中，单元格区域 B6:D8 包括的单元格个数是（　　　）个。

    A. 3　　　　　　　B. 6　　　　　　　C. 9　　　　　　　D. 18

9. 在单元格中输入"= 32470+2216"以后，默认该单元格显示（　　　）。

    A. =32470+2216　　B. =34686　　　　C. 34686　　　　D. 324702216

10. 在工作表中调整单元格的行高可以用鼠标拖动（　　　）。

    A. 列标左边的边框线　　　　　　　　　B. 列标右边的边框线

    C. 列标上边的边框线　　　　　　　　　D. 行标下边的边框线

11. 在对数字格式进行修改时，如出现"######"，其原因为（　　　）。

    A. 格式语法错误　　　　　　　　　　　B. 单元格长度不够

    C. 系统出现错误　　　　　　　　　　　D. 以上答案都不正确

12. 某个单元格为"百分比"格式，则输入 38 时，编辑框及单元格内显示的内容为（　　　）。

    A. 编辑框显示为 38，单元格显示为 38%

    B. 编辑框显示为 38%，单元格显示为 38%

    C. 编辑框显示为 0.38，单元格显示为 38%

    D. 编辑框显示为 3800，单元格显示为 3800%

13. 将选定单元格中的内容去掉，单元格格式依然保留，称为（　　　）。

    A. 重写　　　　　　B. 清除　　　　　　C. 改变　　　　　　D. 删除

14. 使用 Excel 2010 时，若打开多个工作簿后，在同一时刻有（　　　）个是活动工作簿。

    A. 4　　　　　　　B. 1　　　　　　　C. 9　　　　　　　D. 2

15. 在 Excel 2010 中，使该单元格显示数值 0.5 的输入是（　　　）。

    A. 1/2　　　　　　B. =1/2　　　　　　C. "1/2"　　　　　　D. = "1/2"

16. 在 Excel 2010 中清单的列被认为是数据库的（　　　）。

    A. 字段　　　　　　B. 字段名　　　　　C. 标题行　　　　　D. 记录

17. 在一数据清单中，若单击任一单元格后选择"数据/排序"，Excel 2010 将（　　　）。

    A. 自动把排序范围限定于此单元格所在的行

    B. 自动把排序范围限定于此单元格所在的列

    C. 自动把排序范围限定于整个清单

    D. 不能排序

18. 在 Excel 2010 中，筛选后的清单仅显示那些包含了某一特定值或符合一组条件的行，（　　　）。

    A. 暂时隐藏其他行　　　　　　　　　　B. 其他行被删除

    C. 其他行不改变　　　　　　　　　　　D. 暂时将其他行放在剪贴板上，以便恢复

19. 在 Excel 2010 中，插入一组单元格后，活动单元格将（　　　）移动。

    A. 向上　　　　　　B. 向左　　　　　　C. 向右　　　　　　D. 由设置而定

UNIT 6 单元六
PowerPoint 2010 演示文稿

演示文稿软件主要用于制作演讲、报告、教学内容的提纲，广泛应用于学术报告、论文答辩、辅助教学、产品展示、工作汇报等场合。利用 PowerPoint 2010 可以快速制作演示文稿。演示文稿主要由若干张幻灯片组成，在幻灯片中可以很方便地插入图形、图像、艺术字、图表、表格、组织结构图、音频以及视频剪辑，也可以设置播放时幻灯片中各种对象的动画效果。

任务一 演示文稿的创建

一、PowerPoint 2010 的启动与退出

1．PowerPoint 2010 的启动

PowerPoint 2010 的启动通常采用下列 3 种方法。

（1）单击【开始】|【所有程序】|【Microsoft Office2010】|【PowerPoint 2010】。

（2）如果在桌面上创建了 PowerPoint 2010 的快捷方式，双击其快捷方式图标，即可启动 PowerPoint 2010。

（3）双击电脑中已保存的 PowerPoint 2010 文档，启动程序并打开相应的文档。

2．PowerPoint 2010 的退出

PowerPoint 2010 的退出通常采用下列 4 种方法。

（1）单击标题栏右端的【关闭】按钮。

（2）在【文件】选项卡中单击【退出】按钮。

（3）右击标题栏，从弹出的快捷菜单中选择【关闭】命令。

（4）按"Alt+F4"组合键。

如果演示文稿被修改，以上 4 种退出方式都会出现提示框，询问是否保存更改。

二、PowerPoint 2010 窗口的组成

PowerPoint 2010 启动成功后，屏幕上出现 PowerPoint 2010 窗口，该窗口由工作区、大纲窗格、备注窗格和状态栏组成。

1．工作区

工作区就是用来创建和编辑演示文稿的区域，在这里可以十分直观地对演示文稿进行编辑。

2．大纲窗格

大纲窗格选项卡位于主窗口的最左侧，包含"幻灯片视图"和"大纲视图"，单击【幻灯片】标签或【大纲】标签可在两个选项卡之间进行切换。一篇"演示文稿"会有多张幻灯片，每张幻灯片都会在大纲窗格中有一个图标，单击大纲窗格中相应的图标可以快速定位该幻灯片。

在【大纲】选项卡中显示的是当前演示文稿的大纲结构。大纲文本由幻灯片标题和正文组成，每张幻灯片的标题都出现在数字编号和图表的旁边，每一级标题都左对齐，而下一级标题则自动缩进。

3．备注窗格

备注是指对幻灯片或幻灯片内容的简单说明。备注窗格位于工作区域的下方，用于添加与每个幻灯片内容相关的备注，并且在放映演示文稿时将它们作为打印形式的参考资料，或创建希望让观众以打印形式或在网页上看到的备注。在备注窗口中只能添加文字。

4．状态栏

在 PowerPoint 2010 窗口的底部是系统的状态栏，显示出当前编辑的幻灯片的序号、总的幻灯片数目、演示文稿所用模板的名称等信息。在不同的视图模式下，状态栏显示的内容也不尽相同，而在幻灯片的放映视图下没有状态栏。

PowerPoint 2010 的窗口如图 6-1-1 所示。

图 6-1-1　PowerPoint 2010 窗口

三、视图方式

PowerPoint 2010 提供了多种视图方式，如普通视图、大纲视图、幻灯片视图、幻灯片浏览视图、阅读视图和幻灯片放映视图。每种视图都有自己特定的显示方式和加工特色，且在一种视图中对演示文稿的修改和加工会自动反映在该演示文稿的其他视图中。视图之间的切换有两种方式：一是单击状态栏上的视图切换按钮；二是选择【视图】选项卡上的相应工具按钮。

1．普通视图

普通视图是启动 PowerPoint 2010 时默认的视图方式，也是使用最多的视图，主要用于创建和编辑演示文稿。

一般情况下，在进行幻灯片编辑时都使用普通视图。普通视图由 3 个工作区域组成：幻灯片窗口、幻灯片/大纲选项卡和备注窗格。

（1）幻灯片窗口。幻灯片窗口是主窗口，也是 PowerPoint 2010 在默认情况下的窗口。在幻灯片窗口的编辑区，可以输入和编辑文字，插入与修改图像、表格、图表、音频和视频等，如图 6-1-2 所示。

图 6-1-2 普通视图的幻灯片窗口

（2）幻灯片/大纲选项卡。幻灯片/大纲选项卡位于普通视图的左侧。单击【幻灯片】选项卡，能够显示幻灯片上的所有内容，它会将幻灯片以缩略图的形式整齐地排列在该窗格中，方便进行幻灯片的移动、添加、删除等操作，如图 6-1-3 所示。

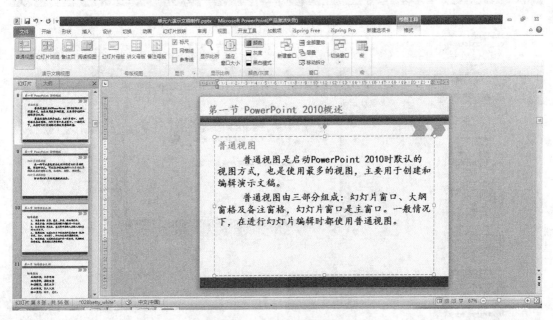

图 6-1-3 【幻灯片】选项卡

单击【大纲】选项卡，可以方便地输入演示文稿需要介绍的一系列主题，系统将根据这些主题自动生成相应的幻灯片，并且这些主题会自动设置为幻灯片的标题，可以对幻灯片进行简单的操作和编辑。大纲视图下幻灯片按编号从小到大的顺序排列，每张幻灯片显示幻灯片的标题，并且按层次显示主要的文本内容，适合演示文稿的全部内容的浏览和编辑。在大纲视图下，还可以移动幻灯片和文本，如图 6-1-4 所示。

（3）备注窗格。备注窗格位于幻灯片窗口的下方，主要用于作者编写注释与参考信息，只能添加并显示文字内容，如需添加图形、图像、表格等内容，须单击【视图】选项卡中的【备注页】。图形、图片在备注视图中不能显示出来，但在备注页视图中或打印带备注的幻灯片时，都能正常显示。备注窗格如图 6-1-5 所示。

图 6-1-4 【大纲】选项卡

图 6-1-5 备注窗格

2．幻灯片浏览视图

图 6-1-6 所示为幻灯片的浏览视图，可以看到，在幻灯片浏览视图中放置着一张张缩小了的幻灯片。在幻灯片浏览视图中，可以观看演示文稿的整体效果，并可以对幻灯片进行一些操作，如幻灯片的添加、删除、移动、复制和次序调整等。

图 6-1-6 幻灯片浏览视图

从普通视图切换到幻灯片浏览视图有两种方法。

方法 1：在【状态栏】上单击【幻灯片浏览】按钮，就切换到了幻灯片浏览视图。如果需要再次切换到普通视图，只需要单击【幻灯片浏览】按钮左侧的【普通视图】按钮。

方法 2：在【视图】选项卡中的【演示文稿视图】功能区中单击【幻灯片浏览】按钮就可以切换到幻灯片浏览视图。如果想再次切换到普通视图，只需在【视图】选项卡的【演示文稿视图】功能区中单击【普通视图】按钮，如图 6-1-7 所示。

图 6-1-7 单击【普通视图】按钮

3. 阅读视图

阅读视图将【文件】按钮、功能区的窗口元素均隐藏起来了，将演示文稿作为适应窗口大小的幻灯片放映查看，如图 6-1-8 所示。

图 6-1-8 阅读视图

4．幻灯片放映视图

在幻灯片放映视图中，演示文稿占据了整个计算机屏幕，就像在对演示文稿进行真正的幻灯片放映。进入幻灯片放映阶段，幻灯片在整个屏幕上显示出来，如图 6-1-9 所示。

图 6-1-9　幻灯片放映视图

四、创建演示文稿

演示文稿的制作过程包括以下几个方面。

① 准备素材：包括文字、图片、声音、动画等文件。

② 确定方案：对演示文稿的整个构架做一个设计。

③ 初步制作：将文本、图片等对象输入或插入到相应的幻灯片中。

④ 装饰处理：设置幻灯片中的相关对象的要素（包括字体、大小、动画等），对幻灯片进行装饰处理。

新建并保存
演示文稿

图 6-1-10　创建空白演示文稿

⑤ 预演播放：设置播放过程中的一些要素，然后播放查看效果，满意后正式输出播放。

演示文稿的制作原则是主题鲜明，文字简练；结构清晰，逻辑性强；和谐醒目，美观大方；生动活泼，引人入胜。核心原则是醒目、美观。

一个新的演示文稿是以设计模板为基础来创建的，文件类型为 PowerPoint 演示文稿，默认的设计模板是空演示文稿，每个演示文稿由不同数目的幻灯片组成。通常，创建演示文稿的方法有以下两种。

（1）创建空演示文稿。启动 PowerPoint 2010，单击【文件】|【新建】按钮，在可用模板中选择"空白演示文稿"，新的空演示文稿出现在幻灯片窗格中，如图 6-1-10 所示。

（2）使用模板创建演示文稿。模板控制演示文稿的外观，PowerPoint 2010 提供了许多模板，根据实际情况可以选择不同的模板。这些模版为演示文稿提供各种格式信息，包括背景图片、字体格式、配色方案、文本占位符等。

创建过程：单击【文件】|【新建】|【样本模板】按钮，如图 6-1-11 所示，选择需要的模板。

图 6-1-11 使用模板创建演示文稿

通常，创建新演示文稿需要设置幻灯片大小。操作方法是：单击【设计】|【页面设置】。在打开的对话框中设置幻灯片大小、宽度和高度、幻灯片方向等，如图 6-1-12 所示。

图 6-1-12 页面设置

五、保存演示文稿

和 Word 电子文档、Excel 电子表格类似，演示文稿全部或部分制作完成后，需要保存起来。操作方法是：单击快速访问工具栏中的【保存】按钮，或单击【文件】|【保存】。如果要把演示文稿更改文件名、更改位置，或保存为不同的文件类型，则可单击【文件】|【另存为】按钮。PowerPoint 2010 演示文稿的默认扩展名为 pptx。

六、打印演示文稿

打印演示文稿的操作方法是：单击快速访问工具栏中的【快速打印】按钮，或单击【文件】|【打印】。在【打印】页面上可以进行打印设置，可设置打印全部幻灯片、打印所选幻灯片、打印当前幻灯片和自定义范围，如图 6-1-13 所示。

打印版式可选择打印整页、备注页或大纲，打印讲义可选择每页打印的幻灯片数目，如 1 张、2 张、3 张、4 张、6 张、9 张等，如图 6-1-14 所示。

打印内容可以是彩色的，可以是灰色的，也可以是黑白的。操作方法是：单击【打印】|【颜色】。

图 6-1-13 打印设置

图 6-1-14 打印版式和讲义

任务二 演示文稿的编辑

演示文稿创建后，需要进行各种基本操作，插入各种类型的对象。

一、幻灯片的基本操作

演示文稿由一定数目的幻灯片组成，对幻灯片的编辑也就是对演示文稿的修改。幻灯片的基本操作包括幻灯片的插入、复制、删除和隐藏等。在对幻灯片进行基本操作之前，要选定幻灯片。若选择单张幻灯片，直接单击该张幻灯片即可；选择连续多张幻灯片，可结合"Shift"键再单击首尾幻灯片；选择不连续多张幻灯片，可结合"Ctrl"键再单击需要选定的幻灯片；全选幻灯片，按"Ctrl+A"组合键。

1．插入幻灯片

每张新幻灯片的尺寸大小都相同，插入的位置在当前光标的后面或在选定幻灯片的下方。每次只能插入一张幻灯片。

（1）插入新幻灯片。操作方法如下。

单击【开始】|【新建幻灯片】按钮。在其下拉列表中选择某一种版式，如图 6-2-1 所示。

（2）插入已有的幻灯片。如果需要在当前演示文稿中插入已经在其他演示文稿中存在的幻灯片，可使用剪贴板复制功能，以减少重复工作，提高效率。

2．调整幻灯片次序

（1）选中需要调整次序的幻灯片。

（2）单击【剪切】按钮，然后将光标移动到目标位置。

（3）单击【粘贴】按钮，此时选中的幻灯片将移动到当前幻灯片之后。

图 6-2-1 幻灯片版式

在幻灯片视图或幻灯片浏览视图中，拖动幻灯片到目标位置也可以实现移动操作。

3．复制幻灯片

（1）选中需要复制的幻灯片。

（2）单击【复制】按钮，然后将光标移动到目标位置。

（3）单击【粘贴】按钮，此时选中的幻灯片将复制到当前幻灯片之后。

复制并移动
幻灯片

在幻灯片视图或幻灯片浏览视图中，结合"Ctrl"键拖动幻灯片到目标位置也可以实现复制操作。

4．删除、隐藏幻灯片

（1）删除幻灯片。

① 选中需要删除的幻灯片。

② 右击，在出现的快捷菜单中选择【删除幻灯片】命令，删除幻灯片。也可以按"Delete"键删除幻灯片。

（2）隐藏幻灯片。根据实际需要，有时需要将部分幻灯片隐藏起来，不必将这些幻灯片删除。被隐藏的幻灯片在放映时不播放，幻灯片的编号上有"\\"标记。隐藏幻灯片的操作方法是：选择需要隐藏的幻灯片，在其右键快捷菜单中选择【隐藏幻灯片】命令。若要取消隐藏，则在右键快捷菜单再次选择【隐藏幻灯片】命令即可取消隐藏。

二、插入对象

1．添加文本

在 PowerPoint 2010 中，文本位于文本占位符或文本框中。所谓占位符，就是指幻灯片中一种带有虚线的矩形框，大多数幻灯片包含一个或多个占位符，用于放置标题、正文、图片、图表和表格等对象。

可以通过以下 3 种方法向幻灯片中添加文字：一是直接在幻灯片的文本占位符中输入文字；二是在大纲窗格中输入文字；三是在幻灯片中插入文本框，然后在文本框中输入文字。第 3 种方法的具体操作步骤是：切换到普通视图，在【插入】选项卡的【文本】功能区中单击【文本框】按钮，用户可以直接在幻灯片中插入不同的文本框，在文本框中输入文本来实现幻灯片中文本的输入。这种方法实用性很强，对文本框的修改可以根据情况随意变化。

2．导入图片

在 PowerPoint 2010 中可以利用多种方法来获取外部图形文件，可以直接链接到下载或复制的图像文件，可以直接用扫描仪获取图像文件，也可以从数码相机中获取图像文件。这些图像都属于光栅图，与矢量图不同。不同的光栅图形有不同文件格式，格式不同的图形其大小和品质差别很大。常见的图形格式有联合照片专家组（JPG 或 JPEG）、图形交换格式（GIF）、便携的网络图像（PNG）、位图（BMP）、标志图像文件格式（TIF 或 TIFF）。

例如，在当前幻灯片中导入图片。

（1）在当前幻灯片中单击【插入】|【图像】|【图片】按钮，弹出【插入图片】对话框，如图 6-2-2 所示。

（2）单击选中图片文件名，再单击【插入】按钮或双击该图片，完成图片的插入操作。

（3）根据当前幻灯片的情况来调整此图片的位置和大小。

图片导入后，在 PowerPoint 2010 窗口中自动会出现一个"图片工具"。可以运用它对图片做各种效果处理，如删除背景、调整颜色、设置图片样式、裁剪等。当幻灯片中有多张图片时，还可以运用"图片工具"中的"上移一层"或"下移一层"来改变它们的上下层次关系。

图 6-2-2 【插入图片】对话框

3．添加剪贴画

（1）插入剪贴画。在【插入】选项卡的【图像】功能区中单击【剪贴画】按钮，在右侧的其他任务窗格中显示剪贴画窗格，用户可以在此窗格中进行搜索。可以在【搜索文字】文本框中输入相应的关键字进行查找，如"地图"，或在收藏集中进行选择，也可以直接在下方的列表框中拖动鼠标来进行选择，如图 6-2-3 所示。

图 6-2-3　插入剪贴画

（2）修整剪贴画。在幻灯片中对剪贴画的调整与在 Word 中调整图片的操作方法基本相同，包括位置、角度和大小的调整。选中对应的剪贴画后，直接利用鼠标拖动操作，或单击鼠标右键，在弹出的快捷菜单中进行操作选择。

4．添加图形和艺术字

操作方法如下。

（1）在【插入】选项卡的【插图】功能区中单击【形状】按钮，选中某个图形后，在当前幻灯片中即可拖动出相应的图形，如图6-2-4所示。

图6-2-4　插入图形

（2）按住"Shift"键，选定直线形状时可以画出笔直的线，选定矩形时可以画出正方形，选定椭圆时，可以画出正圆。

（3）在【插入】选项卡的【文本】功能区中单击【艺术字】按钮，选择某个艺术字形状并进行编辑，即可插入艺术字。

5．添加 SmartArt 图形

SmartArt 图形是从 PowerPoint 2007 开始新增的一种图形功能，它能够直观地表现各种层级关系、附属关系、并列关系或循环关系等常用的关系结构。SmartArt 图形在样式设置、形状修改以及文字美化等方面与图形和艺术字的设置方法完全相同。

在幻灯片中添加 SmartArt 图形的操作步骤如下。

（1）在当前幻灯片中单击【插入】|【插图】|【SmartArt】按钮，弹出【选择 SmartArt 图形】对话框，如图6-2-5所示。

（2）从左侧的列表框中选择一种类型，再从右侧的列表框中选择子类型，单击【确定】按钮，即可创建一个 SmartArt 图形。

（3）输入图形中所需要的文字。

（4）如果需要在原有 SmartArt 图形基础上添加形状，可单击【SmartArt 工具】|【设计】|【添加形状】按钮。要在该形状后面插入一个形状，可单击【在后面添加形状】；要在其之前插

入一个形状，可单击【在前面添加形状】；要在所选形状的上一级别插入一个形状，可单击【在上方添加形状】；要在所选形状的下一级别插入一个形状，可单击【在下方添加形状】。

图 6-2-5 【选择 SmartArt 图形】对话框

6．添加表格

如果需要在演示文稿中添加排列整齐的数据，可以使用表格来完成。其操作步骤如下。

图 6-2-6 【插入表格】对话框

（1）在当前幻灯片中单击【插入】|【表格】|【插入表格】按钮，弹出【插入表格】对话框，如图 6-2-6 所示。

（2）输入需要的列数和行数。

（3）表格建立好后，在单元格中输入文本。

7．添加图表

用图表来表示数据，可以使数据更容易理解。默认情况下，在创建好图表后，需要在关联的 Excel 数据表中输入图表所需要的数据。当然，如果用户事先准备好了 Excel 格式的数据表，也可以打开相应的工作簿并选择所需要的数据区域，然后将其添加到 PowerPoint 图表中。向幻灯片中插入图表的操作步骤如下。

（1）在当前幻灯片中单击【插入】|【图表】，弹出【插入图表】对话框，如图 6-2-7 所示。

图 6-2-7 【插入图表】对话框

（2）在对话框的左侧选择图表的类型，右侧选择子类型，单击【确定】按钮。此时会自动启动 Excel，将工作表中的数据修改成需要的数据，图表将自动更新，如图 6-2-8 所示。

图 6-2-8　在 Excel 中输入数据作为图表数据源

8．插入视频

视频是解说产品的最佳方式，可以为演示文稿增添活力。建议使用 PowerPoint 中直接支持的视频格式，如 avi、mpg、wmv 和 ASF 等。

（1）插入剪贴画视频。在安装 Office 2010 时，就自动安装了剪辑管理器，自带了许多视频，下面介绍如何将剪辑管理器中的视频插入到幻灯片中，操作步骤如下。

① 打开一个演示文稿文件。

② 在【插入】选项卡的【媒体】功能区中单击【视频】按钮上的倒三角，在弹出的下拉菜单中选择【剪贴画视频】命令。

③ 在右侧打开的【剪贴画】任务窗格中选择如图 6-2-9 所示的视频。

④ 对插入的视频的位置和大小进行调整，效果如图 6-2-10 所示。

（2）插入文件中的视频

图 6-2-9　选择剪贴画视频

如果想在幻灯片中插入文件中保存的视频，操作步骤如下。

① 在【插入】选项卡的【媒体】功能区中单击【视频】按钮上的倒三角，在下拉菜单中选择【文件中的视频】命令。

② 在弹出的【插入视频文件】对话框中，找到要插入影片的目录，选择要插入的影片，如图 6-2-10 所示，单击【插入】按钮，如图 6-2-11 所示。

视频插入后，还需要进行相关的设置。此时，在 PowerPoint 2010 窗口中会自动出现一个"视频工具"，它包括两个选项卡，一个是【格式】，另一个是【播放】。

【格式】选项卡类似于图片的格式，运用它可以对视频做各种效果处理，如调整视频颜色、设置视频样式、裁剪等。

【播放】选项卡可以用来设置视频的音量、是否全屏播放、是否循环播放，设置视频在单击时播放，还是自动播放，设置视频的播放起始点等。【播放】选项卡如图 6-2-12 所示。

图 6-2-10　调整后的效果

图 6-2-11　【插入视频文件】对话框

图 6-2-12　【播放】选项卡

9．插入音频

在幻灯片中插入声音，能够吸引观众的注意力和新鲜感。幻灯片的背景声音可以是位于计算机、网络或 Microsoft 剪辑管理器中的音乐文件，也可以录制自己的声音或使用 CD 中的音乐。

（1）插入剪贴画音频。要使用剪辑管理器中的声音作为幻灯片的背景音乐，选择所需幻灯片后，在【插入】选项卡的【媒体】功能区中单击【音频】按钮上的倒三角，在下拉菜单中选择【剪贴画音频】命令，如图 6-2-13 所示。在右侧打开的【剪贴画】任务窗格中选择如图 6-2-14 所示的声音。

图 6-2-13　选择剪贴画音频

图 6-2-14　选择声音

（2）插入文件中的声音。除了剪辑管理器中的单调声音外，还可以将电脑上的其他声音文件插入幻灯片中，下面介绍将它们插入幻灯片中的方法。

① 选择所需的幻灯片后，在【插入】选项卡的【媒体】功能区中单击【音频】按钮上的倒三角，在下拉菜单中选择【文件中的音频】命令。

② 在弹出的【插入音频】对话框中找到要插入声音的目录，选择要插入的声音即可，如图 6-2-15 所示。

图 6-2-15　【插入音频】对话框

将音乐或声音插入幻灯片后，幻灯片上会出现一个代表该声音文件的图标。用户除了可以将它设置为幻灯片放映时自动开始或单击时开始播放外，还可以设置为带有时间延迟的自动播放，或作为动画片段的一部分进行播放。

任务三　演示文稿的外观设置

一个好的演示文稿，应该具有一个统一的外观风格。因此，应当从主题、背景、母版等方面进行外观设置。

一、主题设置

PowerPoint 2010 为用户提供了多种内置的主题样式，用户可以根据需要选择不同的主题样式来设计演示文稿。

为幻灯片应用一种主题，操作步骤是：在【设计】选项卡【主题】选项组中单击下拉按钮打开主题库，在主题库中选择某一个主题。将鼠标指针移动到某一个主题上，就可以实时预览到相应的效果。最后单击某一个主题，就可以将该主题快速应用到整个演示文稿中，如图 6-3-1 所示。

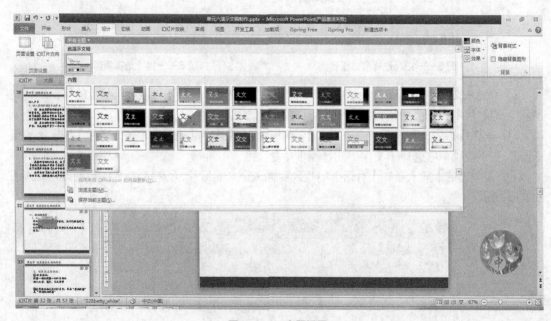

图 6-3-1　主题设置

如果对主题效果的某一部分元素不够满意，可以通过【主题】选项组右边的【颜色】、【字体】或【效果】按钮进行修改。例如，单击【颜色】按钮，在下拉列表中选择一种自己喜欢的颜色，如图 6-3-2 所示。

二、背景设置

除了进行上面的主题设置外，还可以根据个人喜好，将纯色、过渡色、纹理或图片设置为幻灯片的背景。

在很多情况下，需要相对单调的背景。例如，进行比较时，使用纯色作为背景色是最佳的选择。

设置幻灯片背景颜色的操作步骤如下。

单击【设计】选项卡【背景】功能区中的【背景样式】按钮，从下拉菜单中选择一种样式，如图 6-3-3 所示。

图 6-3-2　主题颜色设置

图 6-3-3　选择背景样式

在【背景样式】下拉菜单中，如果对背景样式不满意，也可以选择【设置背景格式】命令，打开【设置背景格式】对话框；然后在【填充】选项卡中选中【纯色填充】单选按钮；接着，在【颜色】下拉列表框中选择如图 6-3-4 所示的颜色。

在【设置背景格式】对话框中，选择左侧的【填充】，除了【纯色填充】外，还包括【渐变填充】、【图片或纹理填充】和【图案填充】几种填充模式，可以实现在幻灯片中设置渐变色、插入自己喜爱的图片背景和用图案填充。

选择【渐变填充】时，可以根据需要预设颜色，如"雨后初晴"，如图 6-3-5 所示。还可以选择类型，如线性、射线、矩形、路径、标题的阴影。这里的线性对应"直线"、射线对应"圆形"、矩形对应"矩形"。路径实际上是指依据形状的边框进行填充。也就是说，如果形状是三角形，就按三角形渐变填充；形状是五边形，就按五边形填充。标题的阴影是根据标题框的位置而定的。

图 6-3-4　选择背景颜色

选择【图片或纹理填充】时，在【插入自】中有两个按钮：一个是自【文件】，可选择来自本机电脑存备的 PPT 背景图片；一个是自【剪切画】，可搜索来自"office.com"提供的背景图片。单击【纹理】右边的下拉按钮，可以设置纹理的类型，如"水滴""蓝色面巾纸"等。纹理的类型如图 6-3-6 所示。

上述设置只是为当前幻灯片设置了背景效果，如果想要全部幻灯片应用设置的背景，就单击【设置背景格式】对话框右下角的【全部应用】按钮。

图 6-3-5 渐变填充预设颜色

图 6-3-6 纹理的类型

三、母版设置

如果需要对幻灯片的整体风格进行修改，使它们具有相同的格式，就要用到母版设置。母版分为幻灯片母版、讲义母版和备注母版 3 型。

幻灯片母版为除"标题幻灯片"外的一组或全部幻灯片提供下列样式。

（1）"自动版式标题"的默认样式。

（2）"自动版式文本对象"的默认样式。

（3）"页脚"的默认样式，包括"日期时间区""页脚文字区"和"页码数字区"等。

（4）统一的背景颜色或图案。

讲义母版提供在一张打印纸上同时打印 1、2、3、4、6、9 张幻灯片的讲义版面布局选择设置和"页眉与页脚"的默认样式。

备注母版向各幻灯片添加"备注"文本的默认样式。

幻灯片母版是幻灯片层次结构中的顶层幻灯片，用于存储有关演示文稿的主题和幻灯片版式的信息，包括背景、颜色、字体、效果、占位符大小和位置等。

每个演示文稿至少包含一个幻灯片母版。修改和使用幻灯片母版的主要优点是可以对演示文稿中的每张幻灯片（包括以后添加到演示文稿中的幻灯片）进行统一的样式更改。通常可以使用幻灯片母版进行下列操作。

（1）更改字体或项目符号。

（2）插入要显示在多个幻灯片上的艺术图片（如单位徽标）。

（3）更改占位符的位置、大小和格式。

1. 设置与应用母版

单击【视图】|【幻灯片视图】，即可进入幻灯片母版的编辑模式，如图 6-3-7 所示。

图 6-3-7　幻灯片视图

从左侧的预览中可以看出，PowerPoint 2010 提供了 12 张默认幻灯片母版页面。其中，第一张为基础页，对它进行的设置会自动在其余的页面上显示；第二张一般用于封面，所以我们想要使封面不同于其他页面，可以改变第二张页面。第二张发生变化时，其余的页面还是保持原来的状态。

在幻灯片母版中插入需要出现在所有幻灯片中的文字、图片、艺术字等，如图 6-3-8 所示。单击【普通视图】或【关闭母版视图】，即可应用母版格式到幻灯片中。设置幻灯片母版后的效果如图 6-3-9 所示。

图 6-3-8　幻灯片母版的设置

图 6-3-9　幻灯片母版的设置效果

2．删除幻灯片母版

如果用户不需要那么多主题的母版，可根据设计需要重新调整，保留需要的母版页面，将多余的母版页面删除掉。

方法 1：选择需要删除的幻灯片母版后，在【幻灯片母版】选项卡的【编辑母版】功能区中单击【删除幻灯片】按钮。

方法 2：在需要删除的幻灯片母版上右击，从弹出的快捷菜单中选择【删除母版】命令，如图 6-3-10 所示。

图 6-3-10　删除母版

3．插入幻灯片母版

在【幻灯片母版】选项卡的【编辑母版】功能区中单击【插入幻灯片母版】按钮，就可以插入一个新的母版，如图 6-3-11 所示。

图 6-3-11 插入幻灯片母版

4．保存幻灯片母版

设置好母版以后，在该演示文稿中新建幻灯片时，幻灯片的背景与母版的背景相同，但是，新建演示文稿后，新的演示文稿幻灯片并不采用母版背景，这就需要将母版保存为模板了。

将幻灯片母版保存为演示文稿模板的具体方法如下。

（1）在【文件】选项卡中单击【另存为】按钮。

（2）在【另存为】对话框中选择保存文件的位置，将保存文件的类型设置为"PowerPoint 模板"，然后输入文件名，单击【保存】按钮即可，如图 6-3-12 所示。

图 6-3-12 保存幻灯片母版

5. 使用幻灯片母版创建新演示文稿

在【文件】选项卡中单击【新建】按钮，选择【我的模板】中的模板进行创建，如图6-3-13所示。

图6-3-13　使用幻灯片母版创建新演示文稿

任务四　演示文稿的完善

在幻灯片中添加内容并统一幻灯片的外观后，并不意味着一份演示文稿就做好了，用户还可以为幻灯片添加动作按钮和超链接来实现幻灯片的跳转，添加动画效果和切换方案来丰富演示文稿的视觉效果，从而使演示文稿浏览起来更加精美和吸引人。

一、动作按钮

演示文稿是由一张张的幻灯片组成的，一般系统默认是按照从上一张幻灯片到下一张幻灯片的顺序进行放映，但是，很多时候我们需要利用到之前放映过的某张幻灯片，这时我们就可

图6-4-1　动作按钮

以通过设置动作按钮，来实现返回或其他的动作操作，具体的步骤如下。

打开幻灯片文件，选择【插入】|【形状】|【动作按钮】，如图6-4-1所示。

选择需要的按钮类型，然后在幻灯片上绘制出按钮，接下来会弹出【动作设置】对话框。设置好按钮要执行的动作，如超链接到"第一张幻灯片"，然后单击【确定】按钮，如图6-4-2所示。这样，在幻灯片放映时，单击该页的按钮，就可以转向第一张幻灯片了。

如果需要更改动作设置，则右击动作按钮，在弹出的快捷菜单中选择【编辑超链接】，就可以再次打开【动作设置】对话框，重新进行动作设置了。

如果需要编辑按钮的格式，则右击动作按钮，在弹出的快捷菜单中选择【设置形状格式】。

图 6-4-2　动作设置

二、超链接

超链接用于幻灯片快速跳转到链接的对象，可以使用超链接在演示文稿内做出方便的导航条。

在 PowerPoint 2010 中，创建超链接的方法如下。

选中要添加超链接的链源，即文本、动作按钮、图形或者图像，然后选择【插入】|【链接】|【超链接】，也可以在链源上右击鼠标，打开快捷菜单，选择【超链接】。此时，将打开如图 6-4-3 所示的对话框。

图 6-4-3　【插入超链接】对话框

如果要链接到本机的某个文件，则单击【现有文件或网页】，直接在【查找范围】中选择文件的位置，选择该文件即可；如果要添加网页超链接，则单击【现有文件或网页】，在【地址】中输入地址；如果要跳转到某一张幻灯片，则可以单击【本文档中的位置】选项，选择要跳转的幻灯片；如果要链接到邮箱，则可以在【电子邮箱地址】中输入自己的电子邮箱。

如果想删除超链接，则右击动作按钮，在弹出的快捷菜单中选择【取消超链接】。

三、动画效果

制作幻灯片，我们不仅需要在内容设计上制作精美，还需要在演示效果上下工夫。为了取得良好的播放效果，动画效果的使用是必不可少的。PowerPoint 2010 动画效果主打绚丽，比起之前版本的 PPT 动画，PowerPoint 2010 展示出了强大的动画效果。

设置幻灯片
动画效果

PowerPoint 2010 的动画种类有 4 种，分别是进入、强调、退出和动作路径。

图 6-4-4　动画效果窗口

"进入"是指对象"从无到有"。"强调"是指对象直接显示后再出现的动画效果。"退出"是指对象"从有到无"。"动作路径"是指对象沿着已有的或者自己绘制的路径运动。

动画设置的方法如下。

选中需要设置动画效果的图片、文字等对象，再选择【动画】|【添加动画】，然后在动画效果窗口上，直接单击选择需要的动画效果即可。动画效果窗口如图 6-4-4 所示。

以上 4 种自定义动画，可以单独使用任何一种动画，也可以将多种效果组合在一起。例如，可以对一行文本应用"飞入"进入效果及"陀螺旋"强调效果，使它飞入并旋转起来。方法是：设置好"飞入"动画后，再单击【添加动画】按钮，选择"陀螺旋"强调动画。单击【动画】|【动画窗格】，能够看到动画窗格出现在幻灯片窗口右侧，如图 6-4-5 所示。

图 6-4-5　动画组合

单击【效果选项】按钮，可以对动画出现的方向、序列等进行调整。

动画的开始时间默认为【单击时】，如果单击【开始】后的下拉选框，则会出现【与上一动画同时】和【上一动画之后】选项。顾名思义，如果选择【与上一动画同时】，那么此动画就会和同一张幻灯片中的前一个动画同时出现（包含过渡效果在内），选择后者就表示上一动画结束后再立即出现。如果有多个动画，建议选择后两种开始方式，这样对于幻灯片的总体时间比较好把握。

调整【持续时间】，可以改变动画出现的快慢。

调整【延迟时间】，可以让动画在【延迟时间】设置的时间到达后才开始出现，对于动画之间的衔接特别重要，便于观众看清楚前一个动画的内容。

如果需要调整一张幻灯片里多个动画的播放顺序，则单击一个对象，在【对动画进行重新排序"下面选择【向前移动】或【向后移动】。更为直接的办法是单击【动画窗格】，在动画窗格中拖动每个动画，改变其上下位置，就可以调整动画出现的顺序。

如果想删除某一动画，则单击鼠标右键，选择【删除】即可。

如果希望在多个对象上使用同一个动画，则先在已有动画的对象上单击鼠标左键，再选择【动画刷】，此时鼠标指针旁边会多一个小刷子图标。用这种格式的鼠标单击另一个对象（文字、图片均可），则两个对象的动画完全相同，这样可以节约很多时间，如图 6-4-6 所示。

路径动画可以让对象沿着一定的路径运动，PowerPoint 2010 提供了几十种路径。选择【添加动画】|【其他动作路径】，将打开如图 6-4-7 所示的【添加动作路径】对话框。选择其中的一种动画效果，幻灯片放映时对象将沿着这个效果预设的路径运动。

图 6-4-6　动画刷　　　　　　图 6-4-7　【添加动作路径】对话框

如果【添加动作路径】对话框中没有自己需要的样式，可以选择【添加动画】|【自定义路径】，如图 6-4-8 所示。

此时，鼠标指针变成一支铅笔，我们可以用这支铅笔绘制自己想要的动画路径。如果想要让绘制的路径更加完善，可以在路径的任一点上单击右键，选择【编辑顶点】，可以通过拖动线条上的每个顶点或线段上的任一点调节曲线的弯曲程度。

图 6-4-8　自定义路径

四、切换方案

演示文稿放映过程中由一张幻灯片进入另一张幻灯片就是幻灯片之间的切换。在播放演示文稿时，增加恰当的幻灯片切换效果可以让整个放映过程体现出一种连贯感，增加许多趣味性，让观众集中精力观看。在 PowerPoint 2010 中，设置幻灯片切换效果将比以往更加简单和自由。PowerPoint 2010 为用户提供了多种幻灯片的切换效果，分为细微型、华丽型和动态内容 3 类。

通过【切换】选项卡可以设置幻灯片的切换效果，选择【切换方案】中的一种效果，如"立方体"，则当前幻灯片将会以"立方体"效果进行切换，如图 6-4-9 所示。

图 6-4-9　切换方案的选择

单击切换方案右侧的【效果选项】按钮，可以设置切换效果的方向或其他具体调整。例如，在【立方体】切换效果中选择【自左侧】，则幻灯片应用【立方体】效果时，将从左侧方向逆行旋转，如图 6-4-10 所示。

设置好切换效果后，如果想让所有的幻灯片都是这个效果，则选择【全部应用】。

如果需要调整切换效果的速度，则将【持续时间】调长即可。

如果需要在切换时伴有声音，则设置【声音】中的某个选项即可，如【爆炸】、【打字机】等，如图 6-4-11 所示。

图 6-4-10　切换效果的设置

图 6-4-11　持续时间和声音的设置

任务五　演示文稿的放映打包

演示文稿制作好后，就可以播放了。为了获得更好的播放效果，在正式播放演示文稿之前，还需要进行一些先期设置，如设置放映方式、自定义幻灯片的播放顺序等。

一、设置放映方式

在默认情况下，PowerPoint 2010 会按照预设的演讲者放映方式来放映幻灯片，但放映过程需要人工控制。这种放映方式称为"演讲者放映方式"。在 PowerPoint 2010 中，还有两种放映方式：一是"观众自行浏览"；二是"展台浏览"。

"演讲者放映方式"是指在放映过程中以全屏显示幻灯片。演讲者能控制幻灯片的放映，暂停演示文稿，添加会议细节，还可以录制旁白。

"观众自行浏览"可以在标准窗口中放映幻灯片。在放映幻灯片时，可以拖动右侧的滚动条，或滚动鼠标上的滚轮来实现幻灯片的放映。

"在展台浏览"是 3 种放映类型中最简单的方式，这种方式将自动全屏放映幻灯片，并且循环放映演示文稿。在放映过程中，除了通过超链接或动作按钮来进行切换以外，其他的功能都不能使用，如果要停止放映，只能按"Esc"键来终止。

选择放映类型的操作过程如下。

打开文档，单击【幻灯片放映】选项卡【设置】功能区中的【设置幻灯片放映】按钮，如图 6-5-1 所示。弹出【设置放映方式】对话框，如图 6-5-2 所示。

图 6-5-1　单击【设置幻灯片放映】按钮

图 6-5-2　【设置放映方式】对话框

在【放映类型】选项区中选择幻灯片的放映类型。

在【放映选项】选项区中，各复选框的含义如下。

"循环放映，按 ESC 键终止"复选框：可以连续地播放声音文件或动画。用户将设置好的演示文稿设置为循环放映，可以应用于展览会场的展台等场合，将演示文稿自动运行并循环播放。在播放完最后一张幻灯片后，自动跳转至第一张幻灯片，而不是结束放映，直到用户按"Esc"键退出放映状态。

"放映时不加旁白"复选框：在放映演示文稿时不播放嵌入的解说。

"放映时不加动画"复选框：在放映演示文稿时不播放嵌入的动画。

二、设置放映时间

使用排练计时，可以为每张幻灯片设置放映时间，使幻灯片能够按照设置的排练计时时间自动放映。操作步骤如下。

（1）打开文档，单击【幻灯片放映】选项卡【设置】功能区中的【排练计时】按钮，如图 6-5-3 所示。

（2）此时就会启动幻灯片的放映，与普通放映不同的是，在幻灯片的左上角出现了一个如图 6-5-4 所示的【预演】计时窗口。

（3）不断地单击进行幻灯片的放映时，窗口中的数据不断地更新，在最后一张幻灯片单击后，出现如图 6-5-5 所示的提示对话框。

图 6-5-3 【排练计时】按钮　　图 6-5-4 【预演】计时窗口　　图 6-5-5 放映时间提示对话框

（4）单击【是】按钮后效果如图 6-5-6 所示，幻灯片自动切换到幻灯片浏览视图，并且在每张幻灯片的左下角出现了每张幻灯片的放映时间。

图 6-5-6 幻灯片浏览视图

三、录制旁白

在有些情况下，用户可能希望在幻灯片放映过程中添加一些旁白，以便于对幻灯片中的内容进行说明。例如，在展台中放映有关产品信息的演示文稿时，用户可以通过语音旁白来介绍产品的详细信息，这样不仅省时省力，而且可以达到很好的宣传效果。如果要插入旁白，首先要制作旁白。其操作步骤如下。

（1）单击【幻灯片放映】选项卡【设置】功能区中的【录制幻灯片演示】下拉箭头，选择【从当前幻灯片开始录制】命令，如图 6-5-7 所示。

（2）在弹出的【录制幻灯片演示】对话框中，可以选择【幻灯片和动画计时】选项，如图 6-5-8 所示，单击【开始录制】按钮即可。

图 6-5-7　单击【从当前幻灯片开始录制】命令

图 6-5-8　【录制幻灯片演示】对话框

四、启动放映

设置完幻灯片的放映方式后，就可以启动放映了。

1．从第一张开始放映

如果要从第一张开始放映，有下列几种方法。

（1）单击【幻灯片放映】选项卡中的【从头开始】按钮，如图 6-5-9 所示。

（2）按"F5"功能键。

如需结束放映，则单击鼠标右键，从弹出的快捷菜单中选择【结束放映】命令，或按"Esc"键。

放映幻灯片

2．从当前页开始放映

如果要从当前页开始放映，有下列几种方法。

（1）单击【幻灯片放映】选项卡中的【从当前幻灯片开始】，如图 6-5-10 所示。

图 6-5-9　单击【从头开始】按钮

图 6-5-10　单击【从当前幻灯片开始】按钮

（2）按"Shift+F5"组合键。

（3）单击状态栏中的【幻灯片放映】视图按钮。

3．自定义幻灯片放映

一个演示文稿中，可能有很多个页面，有些时候我们不需要全部播放出来，就可以自定义要播放的页面。操作方法是：单击【幻灯片放映】选项卡【开始放映幻灯片】功能区中的【自定义幻灯片放映】按钮，在下拉菜单中选择【自定义放映】命令，如图 6-5-11 所示。

图 6-5-11　自定义放映

在弹出的【自定义放映】对话框中单击【新建】按钮，如图 6-5-12 所示。

在【定义自定义放映】对话框中输入幻灯片的放映名称，图 6-5-13 默认为"自定义放映 1"，在【在演示文稿中的幻灯片】列表框中将要放映的幻灯片添加到右侧的【在自定义放映中的幻灯片】列表框中，单击【确定】按钮，回到【自定义放映】对话框，单击【放映】按钮，即开始放映刚才选择的部分页面。

图 6-5-12 【自定义放映】对话框

图 6-5-13 【定义自定义放映】对话框

4.放映过程中常用的操作

（1）放映下一张幻灯片或下一个动画，方法有以下几种。

- 单击左键。
- 按回车键。
- 按向右键。
- 按向下键。
- 按"PageDown"键。
- 按空格键。
- 按"N"键。
- 单击右键快捷菜单中的"下一张"。
- 按"End"键可达最后一张。

放映上一张幻灯片或上一个动画，方法有以下几种。

- 按向左键。
- 按向上键。
- 按"PageUp"键。
- 按"BackSpace"键。
- 按"P"键。
- 单击右键快捷菜单中的"上一张"。
- 按"Home"键可达第一张。

（2）放映过程中定位至某幻灯片。如需在放映过程中定位至某幻灯片，可单击鼠标右键，从弹出的快捷菜单中选择【定位至幻灯片】命令，选择需要定位的幻灯片，如图 6-5-14 所示。

（3）播放时改变鼠标指针的形状。在放映的过程中，右击鼠标，单击【指针选项】。在指针选项中，默认的是鼠标箭头，单击"笔"，如图 6-5-15 所示。此时，就可以在幻灯片中进行标注了，如图 6-5-16 所示。

当然，也可以把画笔的颜色更换掉。方法是：在指针选项中，选择【墨迹颜色】中的一种颜色即可。通过指针选项中的【橡皮擦】，可以将标注的线条擦除。

图 6-5-14　选择定位的幻灯片

图 6-5-15　播放时改变鼠标指针的形状　　　　图 6-5-16　播放时用笔进行标注

五、打包演示文稿

　　演示文稿打包主要用于在不启动 PowerPoint 2010 程序的情况下，就可以直接放映演示文稿。使用 PowerPoint 2010 提供的打包功能可以将所有需要打包的文件放到一个文件夹中，然后将该文件复制到磁盘或网络上的某个位置，就可以将该文件解包到目标计算机或网络上并运行该演示文稿。

　　（1）在【文件】选项卡中单击【保存并发送】按钮，在右边弹出的面板中单击【将演示文稿打包成 CD】按钮，如图 6-5-17 所示。

　　（2）单击【打包成】按钮，在弹出的【打包成 CD】对话框中的【将 CD 命名为】文本框中输入名称，如图 6-5-18 所示。

　　（3）单击图 6-5-18 中的【选项】按钮，打开如图 6-5-19 所示的【选项】对话框，在此，可以设置程序包的类型，确定是否含有链接的文件、字体，以及设置密码等参数。

　　（4）在【打包成 CD】对话框中单击【复制到文件夹】按钮，打开【复制到文件夹】对话框，输入文件夹的名称和位置后，单击【确定】按钮。在弹出的对话框中单击【是】按钮。接着，就出现提示正在复制文件的窗口，此时不要进行任何操作，等待复制命令完成。复制命令完成后，到所选的目录中，即可看到打包的文件。

图 6-5-17　单击【将演示文稿打包成 CD】按钮

图 6-5-18　【打包成 CD】对话框

图 6-5-19　【选项】对话框

习　　题

一、选择题

1. 演示文稿储存以后，默认的文件扩展名是（　　　）。

    A．PPTX　　　　　　　　B．EXE　　　　　　　　C．BAT　　　　　　　　D．BMP

2. 在 PowerPoint 中，"视图"这个名词表示（　　　）。

    A．一种图形　　　　　　　　　　　　　B．显示幻灯片的方式

    C．编辑演示文稿的方式　　　　　　　　D．一张正在修改的幻灯片

3. 在 PowerPoint 菜单栏中，提供显示和隐藏工具栏命令的菜单是（　　　）。

    A．【格式】　　　　B．"工具"　　　　C．【视图】　　　　D．【编辑】

4. 幻灯片中占位符的作用是（　　　）。

    A．表示文本长度　　　　　　　　　　　B．限制插入对象的数量

    C．表示图形大小　　　　　　　　　　　D．为文本、图形预留位置

5. 在 PowerPoint 中，幻灯片通过大纲形式创建和组织（　　　）。

    A．标题和正文　　　　　　　　　　　　B．标题和图形

    C．正文和图片　　　　　　　　　　　　D．标题、正文和多媒体信息

6. 幻灯片上可以插入（　　）多媒体信息。

    A. 声音、音乐和图片   B. 声音和影片

    C. 声音和动画   D. 剪贴画、图片、声音和影片

7. PowerPoint 的母版有（　　）种类型。

    A. 3   B. 5   C. 4   D. 6

8. PowerPoint 的"设计模板"包含（　　）。

    A. 预定义的幻灯片版式   B. 预定义的幻灯片背景颜色

    C. 预定义的幻灯片样式   D. 预定义的幻灯片样式和配色方案

9. PowerPoint 的【超链接】命令可实现（　　）。

    A. 幻灯片之间的跳转   B. 演示文稿幻灯片的移动

    C. 中断幻灯片的放映   D. 在演示文稿中插入幻灯片

10. 如果将演示文稿置于另一台不带 PowerPoint 系统的计算机上放映，那么应该对演示文稿进行（　　）。

    A. 复制   B. 打包   C. 移动   D. 打印

11. 幻灯片内的动画效果，通过【幻灯片放映】菜单的（　　）命令来设置。

    A. 动作设置   B. 自定义动画   C. 动画预览   D. 幻灯片切换

12. 想在一个屏幕上同时显示两个演示文稿并进行编辑，实现方法是（　　）。

    A. 无法实现

    B. 打开一个演示文稿，选择插入菜单中的【幻灯片（从文件）】

    C. 打开两个演示文稿，选择窗口菜单中的【全部重排】

    D. 打开两个演示文稿，选择窗口菜单中的【缩至一页】

13. *.PPTX 文件的文件类型是（　　）。

    A. 演示文稿   B. 模板文件   C. 其他版本文稿   D. 可执行文件

14. 在（　　）模式下可对幻灯片进行插入、编辑对象的操作。

    A. 幻灯片视图   B. 大纲视图   C. 幻灯片浏览视图   D. 备注页视图

15. 在（　　）方式下能实现在一屏显示多张幻灯片。

    A. 幻灯片视图   B. 大纲视图   C. 幻灯片浏览视图   D. 备注页视图

16. 以下不能使用幻灯片缩图功能的是（　　）模式。

    A. 幻灯片视图   B. 大纲视图   C. 幻灯片浏览视图   D. 备注页视图

17. 下列选项中不是工具栏的名称的是（　　）。

    A. 常用   B. 格式   C. 动画效果   D. 视图

18. 在幻灯片页脚设置中，（　　）是讲义或备注的页面上存在的，而在用于放映的幻灯片页面上无此选项。

    A. 日期和时间   B. 幻灯片编号   C. 页脚   D. 页眉

19. 在（　　）模式下，不能使用视图菜单中的演讲者备注选项添加备注。

    A. 幻灯片视图   B. 大纲视图   C. 幻灯片浏览视图   D. 备注页视图

20. 在幻灯片放映过程中，单击鼠标右键，选择【指针选项】中的【绘图笔】命令，在讲解过程中可以进行写写画画，其结果是（　　）。

    A. 对幻灯片进行了修改   B. 没有对幻灯片进行修改

    C. 写画的内容留在了幻灯片上，下次放映时还会显示出来

    D. 写画的内容可以保存起来，以便下次放映时显示出来

21. 幻灯片的各种视图的快速切换方法是（　　　）。

    A. 选择【视图】菜单对应的视图　　　　B. 使用快捷键

    C. 单击水平滚动条左边的【视图控制】按钮

    D. 选择【文件】菜单

22. 在当前演示文稿中要新增一张幻灯片，采用（　　　）方式。

    A. 选择【文件】菜单中的【新建】命令

    B. 选择【编辑】菜单中的【复制】和【粘贴】命令

    C. 选择【插入】菜单中的【新幻灯片】命令

    D. 选择【插入】菜单中的【幻灯片（从文件）】命令

23. 保存演示文稿时，默认的扩展名是（　　　）。

    A. docx　　　　　　B. pptx　　　　　　C. wps　　　　　　D. xlsx

24. 如果要播放演示文稿，可以使用（　　　）。

    A. 幻灯片视图　　B. 大纲视图　　　C. 幻灯片浏览视图　D. 幻灯片放映视图

25. 要在选定的幻灯片中输入文字，应（　　　）。

    A. 直接输入文字　　　　　　　　B. 先单击占位符，然后输入文字

    C. 先删除占位符中系统显示的文字，然后才可输入文字

    D. 先删除占位符，然后再输入文字

26. 在（　　　）视图下，可以方便地对幻灯片进行移动、复制、删除等编辑操作。

    A. 幻灯片浏览　　B. 幻灯片　　　　C. 幻灯片放映　　D. 普通

27. 要在选定的幻灯片版式中输入文字，可以（　　　）。

    A. 直接输入文字　　　　　　　　B. 先单击占位符，然后输入文字

    C. 先删除占位符中的系统显示的文字，然后输入文字

    D. 先删除占位符，然后输入文字

28. 在演示文稿中，在插入超链接中所链接的目标，不能是（　　　）。

    A. 另一个演示文稿　　　　　　　B. 同一个演示文稿的某一张幻灯片

    C. 其他应用程序的文档　　　　　D. 幻灯片中的某个对象

29. 要在幻灯片上显示幻灯片编号，必须（　　　）。

    A. 选择【插入】菜单中的【页码】命令

    B. 选择【文件】菜单中的【页面设置】命令

    C. 选择【视图】菜单中的【页眉和页脚】命令

    D. 以上都不行

30. 下列各项中，（　　　）不能控制幻灯片外观一致的方法。

    A. 母版　　　　　　B. 模板　　　　　　C. 背景　　　　　　D. 幻灯片视图

二、操作题

制作"个人介绍"幻灯片，要求如下。

（1）内容包含个人基本信息、我的家乡、我的学校、我的好友、我的经历、我的梦想等页面。

（2）涉及"我的家乡"等素材（文字、图片、音乐、视频等）均可从网上下载。

（3）应包含至少 15 张幻灯片。

（4）内容充实、形式多样、页面美观。

（5）使用链接组织内容。

（6）适当添加动画效果和页面切换效果。